近江旅の本

滋賀酒 SHIGA ZAKE

近江の酒蔵めぐり

滋賀の日本酒を愛する酔醸会《よいかも》 編
辻村耕司 撮影

琵琶《びわ》湖を有する滋賀県は、四方を山々に囲まれ、水や気候、米、人、技に恵まれた酒造りに最適の地だ。山あいのかくれ里や、街道の宿場町、湖畔などの酒蔵では、今も昔ながらの酒造りを伝え、また、新たな試みで醸《かも》している。そんな酒蔵をめぐって、旨《うま》い「滋賀酒《しがざけ》」を味わってほしい。

滋賀の日本酒を愛する酔醸会《よいかも》　家鴨《いえがも》あひる

早朝から蒸し米を手でていねいにほぐしてゆく（多賀）

滋賀酒の魅力

◆水と米と気候に恵まれて

滋賀県は日本最大の湖・琵琶湖《びわこ》を有し、伊吹《いぶき》・鈴鹿《すずか》・比良《ひら》・比叡《ひえい》などの山々に囲まれている。

山に降り注いだ雨は、ゆっくりと滲《し》み込み濾過《ろか》され、質のよい伏流水《ふくりゅうすい》となる。

それらの名水を用い、豊かな大地が育んだ良質な酒米《さかまい》(→103頁)で酒を仕込む。晩秋から秋にかけて行う「寒造《かんづく》り」に適した気候も、美酒を生む要因の一つだ。

◆旨い酒は熱い人が造る

しかし、そういった自然環境だけで、飲み手の心を奪うような酒は生まれない。造り手が旨《うま》い酒を造る情熱を維持していくことが必須条件だ。その「熱」こそが酒の味わいとなり、美しい「滋賀酒」を生む。

◆進化を続ける造り方

日本酒の製法は進化を続けている。明治時代には生酛《きもと》仕込み(→79頁)から山廃《やまはい》仕込み(→97頁)へ、その後は酵母《こうぼ》が分離され乳酸を加える方法も開発され、安定した造りが時間を短縮して行えるようになった。

また精米技術の向上と酵母の開発から吟醸《ぎんじょう》造り(→89頁)が盛んになり、それまでになかったような香り高い酒が飲めるようになった。

そして現代、再び生酛造りや山廃仕込み、貴醸酒《きじょうしゅ》など昔の仕込み方法が見直され、さらに全国各地で個性的な酒米が育てられ、日本酒は百花繚乱《ひゃっかりょうらん》の様相を呈している。

その蔵に合った個性的な酒を造るための仕込み方法や、酵母、酒米の組み合わせは無限にあり、それを自由に選べる時代なのだ。

◆蔵ごとの個性と努力

滋賀県では1995年、㈶日本発酵機構余呉研究所の所長だった小泉武夫さん(東京農業大学名誉教授)の指導により、県内26蔵が同じ米と精米歩合《ぶあい》、同じ酵母を用いた統一銘柄「湖《こ》蝶《ちょう》の里」「紫霞《しか》の湖《うみ》」で技を競い、蔵ごとの個性を楽しむことができた。

また、明治時代に生まれ昭和半ばに栽培が途絶えた幻の酒米「滋賀渡船《わたりぶね》6号」が2004年に復活したのは、「滋賀ならではの酒を造りたい」という蔵元の願いと、JAグリーン近江の酒米部会の熱意によるものだ。米の品種改良が進む前の野生味あふれる味わいで、「うちでしか造れない個性的な酒」を仕上げるため、造り手は毎年努力を積み重ねている。

◆酒を造る人に会いに行こう

そんな造り手に会いに行こう。旨いと思った酒の生まれる現場を見に行こう。

その酒が生まれるまでのストーリーと造り手のドラマを知ると、その酒はもっとおいしく感じるはずだ。

▲蔵で作業する喜多酒造次期蔵元の喜多麻優子さんと、見守る父で現蔵元の喜多良道さん

湖東平野に黄金の穂波が揺れる(藤居本家)

醪から泡が盛り上がり、厳寒期の蔵はその香りに包まれる（上原酒造）

▲タンクの中の醪の世話をする竹内酒造の蔵人

▲甑で酒米を蒸す準備をする中澤酒造蔵元の中沢一洋さん

▲生酛造りの酛摺りを行う北島酒造蔵元の北島輝人さんと、杜氏の齋田泰之さん

▲醪を袋に詰めて木槽に積み重ねていく笑四季酒造蔵元の竹島充修さん

CONTENTS

目次

滋賀酒 近江の酒蔵めぐり

グラビア・コラム

酒造用語の豆知識

滋賀県内の酒蔵

■湖北
① 山路酒造「北國街道」 P.10
② 冨田酒造「七本鑓」 P.12
③ 山岡酒造「湖の誉」 P.16
④ 佐藤酒造「湖濱」 P.18

■湖東
⑤ 多賀「多賀」 P.20
⑥ 岡村本家「金亀」 P.22
⑦ 藤居本家「旭日」 P.26
⑧ 愛知酒造「富鶴」 P.30

■東近江
⑨ 松瀬酒造「松の司」 P.32
⑩ 畑酒造「大治郎」 P.36
⑪ 喜多酒造「喜楽長」 P.40
⑫ 近江酒造「志賀盛」 P.44
⑬ 中澤酒造「一博」 P.46
⑭ 矢尾酒造「鈴正宗」 P.48
⑮ 増本藤兵衛酒造場「薄桜」 P.50
⑯ 西勝酒造「湖東富貴」 P.52

■甲賀
⑰ 瀬古酒造「忍者」 P.54
⑱ 望月酒造「寿々兜」 P.56
⑲ 田中酒造「春乃峰」 P.58
⑳ 安井酒造場「初桜」 P.60
㉑ 笑四季酒造「笑四季」 P.62
㉒ 美冨久酒造「美冨久」 P.66
㉓ 藤本酒造「神開」 P.70
㉔ 滋賀酒造「貴生娘」 P.72
㉕ 竹内酒造「唯々」 P.74
㉖ 北島酒造「北島」 P.76

■湖南
㉗ 太田酒造「道灌」 P.80
㉘ 古川酒造「天井川」 P.82
㉙ 月の里酒造「月の里」 —
㉚ 平井商店「浅茅生」 P.84
㉛ 浪乃音酒造「浪乃音」 P.86

■湖西
㉜ 福井弥平商店「萩乃露」 P.90
㉝ 上原酒造「不老泉」 P.94
㉞ 川島酒造「松の花」 P.98
㉟ 池本酒造「琵琶乃長寿」 —
㊱ 吉田酒造「竹生嶋」 P.100

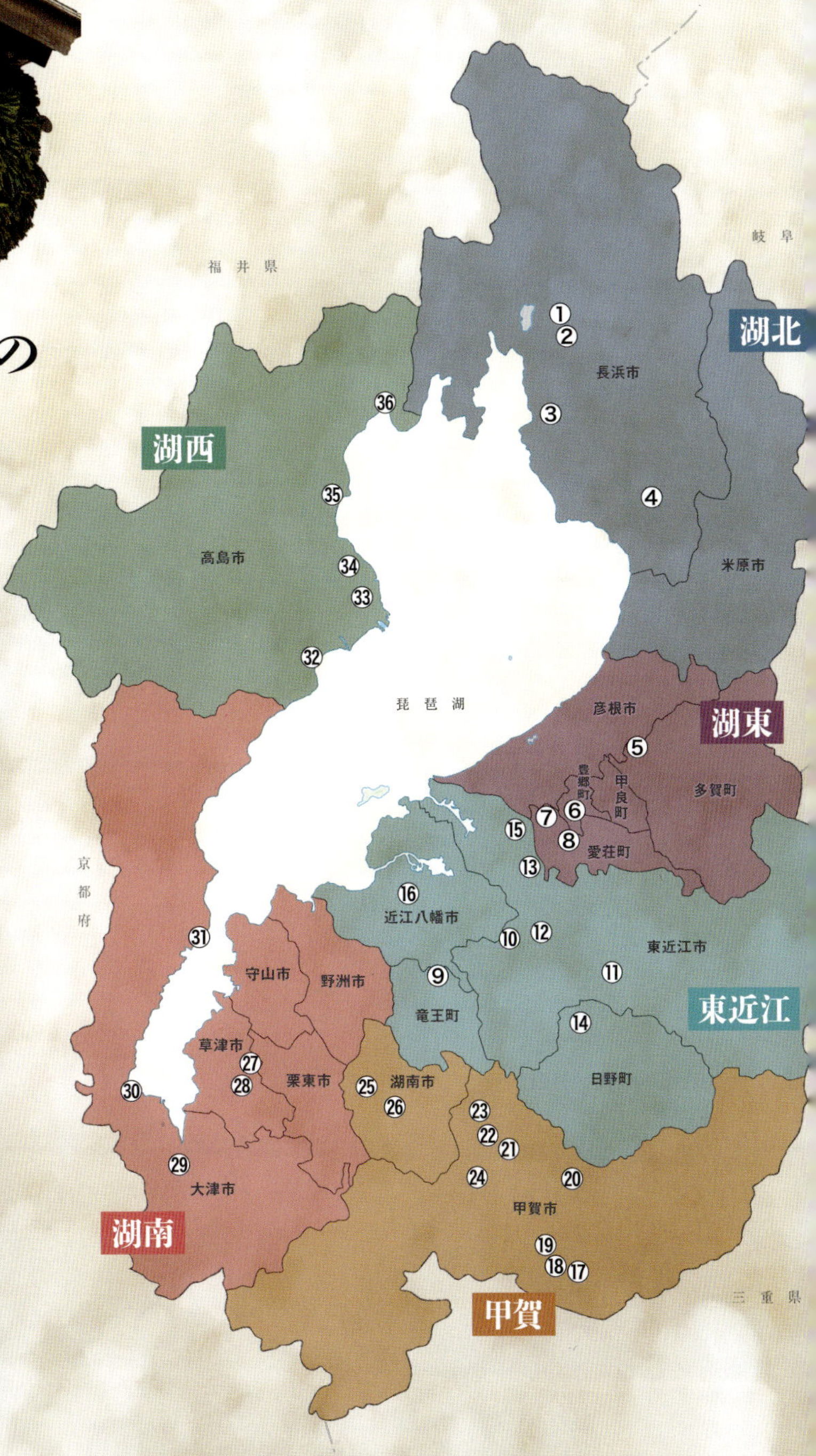

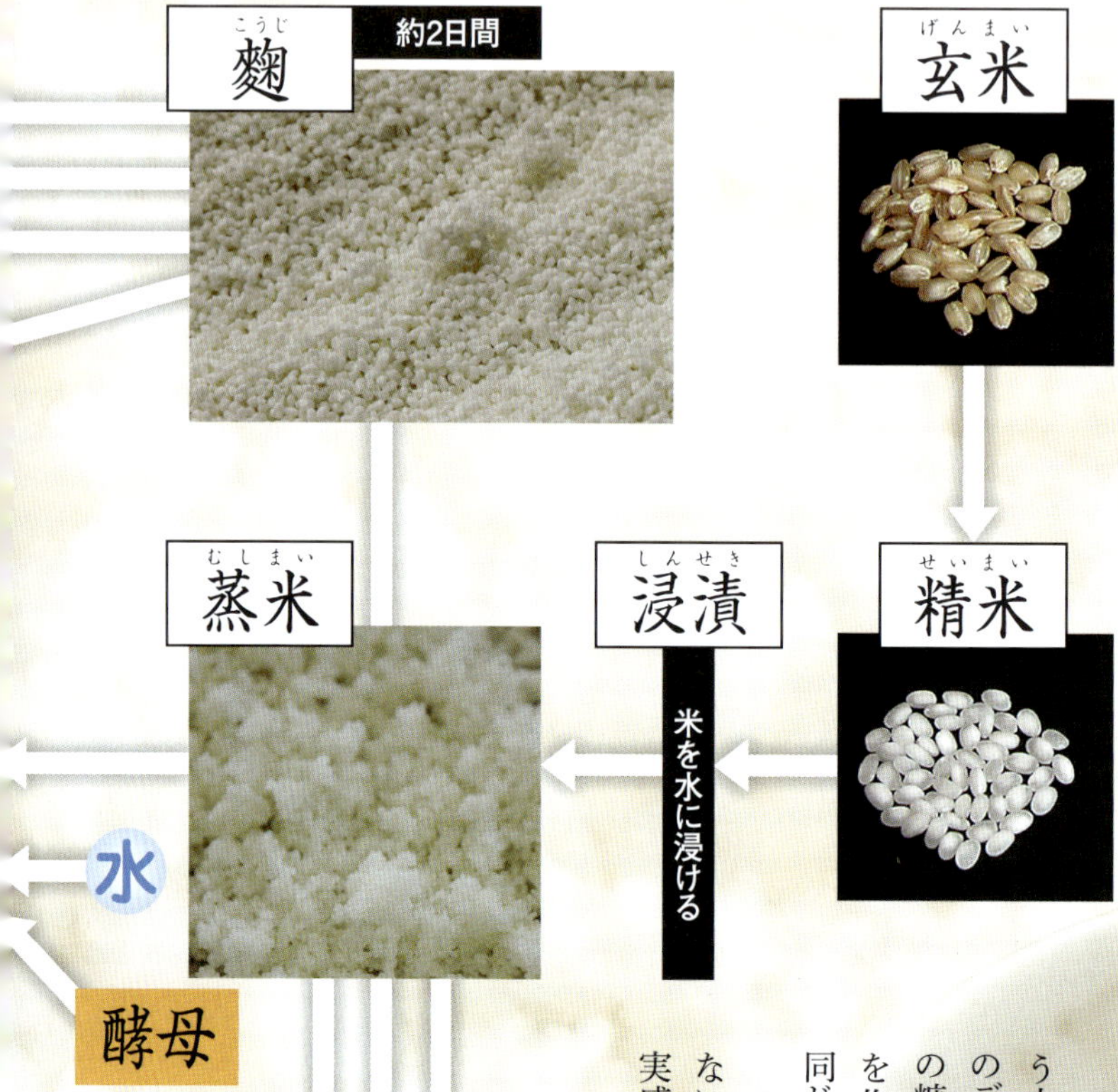

日本酒はこうして造られる〈三段仕込み〉

日本酒を造る過程には「並行複発酵《へいこうふくはっこう》」という大きな特徴がある。醪《もろみ》の中にある麹《こうじ》菌が米のデンプンを分解して糖分にする（糖化）。その糖分を使って酵母《こうぼ》がアルコールと炭酸ガスを作りだす（発酵）。糖化と発酵が並行して同じ醪の中で行われている。

発酵中の酛《もと》や醪を覗き込むと、目に見えないが、生きた菌が日本酒を造っているのを実感できるだろう。

⬆蒸米を運ぶ
麹と蒸米と水は一気に全量加えず、3回に分けて加える。量をはじめは少なめ、回を追って多くすることで、発酵を順調に進めることができる

3回目 留添《とめぞえ》
2回目 仲添《なかぞえ》
1回目 初添《はつぞえ》

水
水
水

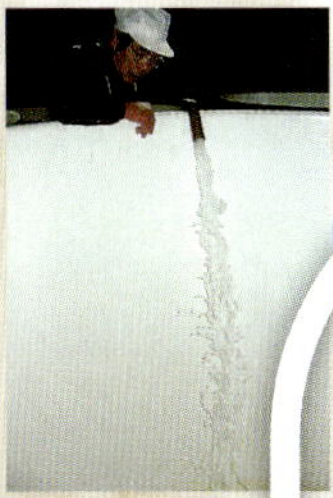

酛《もと》(酒母《しゅぼ》)

2週間〜約1ヶ月

1回目 初添《はつぞえ》
2回目 仲添《なかぞえ》
3回目 留添《とめぞえ》

醪《もろみ》

15日〜約1ヶ月

上槽《じょうそう》

醪を搾る

⬆写真は空気圧で醪を搾るヤブタ式搾り機。見た目はアコーディオンのようで、大きな板粕が何枚もできる

濾過《ろか》

炭素を使って不要な成分を取り除く

火入れ

1回目
加熱・殺菌

貯蔵

加水《かすい》

水を加えてアルコール度数を調整

火入れ

2回目

ビン詰め

北国街道に面する山路酒造。青々と茂るのは桑の木

山路酒造《やまじしゅぞう》

室町時代末期からの桑酒を守る
老舗酒蔵の女将さんが情報発信

目を守るお地蔵様として信仰を集める木之本地蔵の門前町・木之本。北国《ほっこく》街道沿いにある山路酒造は1532年（天文元年）創業。滋賀県内で最も古く、日本でも5番目に古い蔵だ。

　名物の桑酒は、木之本で養蚕《ようさん》業が盛んだったため、地元で栽培されていた桑の葉のエキスを加えたリキュール。麹《こうじ》の働きによるもち米からの甘さと桑の葉の薬のような独特の風味とが、どこか懐かしい味がする。この桑酒は、毎年日本酒を造り終えてから製造される。

　現在の山路酒造の顔といえば、蔵元・山路正さんの妻・祐子《ゆうこ》さんだろう。「ゆうこりん」の名でインターネットでの情報発信をまめに行う、滋賀県北部（湖北）の人気ブロガーである。

　祐子さんが蔵に嫁いで来た頃は、女性が蔵の中で働くのはご法度《はっと》。まかないやビン洗い、ビン詰め作業にしか関わっていなかった。また、酒造りについては杜氏《とじ》に任せ、蔵元は経営や営業を担当するという、当時としては一般的な体制であった。

　しかし、任せていた杜氏が急逝し、突然、蔵元が酒造りを行うことになった時、醸造協会の通信教育で勉強していた祐子さんも蔵の中で手伝うことに。その後、杜氏さんから酒の分析を任され、麹造りなども一緒に手伝うようになっ

注連縄が蔵を清らかに守る。重厚な壁は、蔵の中の気温や湿度を安定させる

た。大阪や京都の百貨店でのイベント販売の際は、この経験がとても役に立っているという。

「朝5時、オリオン座を見ながら仕事開始です。お米によってさわり心地が違うんですよ。『山田錦』は絹のようで『玉栄《たまさかえ》』は少し硬い」

現在、杜氏に仕込みから搾《しぼ》りまでを任せ、あとは正さんと次男の翔《しょう》さんの親子3人で担当する。

祐子さんのブログ「酒蔵女将奮闘日記」にアクセスすれば、毎日の地道な作業こそが日本酒造りを支えていることが分かるはずだ。

古くから愛されてきた桑酒は、もち米と桑のエキス由来の滋味が魅力

イベント

8月下旬	●**木之本地蔵縁日** 山路酒造前で酒類など販売

これがうちの酒!

「北国街道《ほっこくかいどう》」

純米吟醸

「ゆうこりん」こと山路祐子さん

蔵元から一言

地元の酒米と蔵内に湧き出る井戸水を使い、低温でじっくりと醸しています。どの酒も一本造りで、ブレンドはしません。その年その年で微妙に味は変わりますが、その年の出来栄えを楽しんでいただいています。

DATA

●**杜氏**：千場正行（能登杜氏）　●**酒米**：山田錦（米原産）

●**精米歩合**：60%　●**酵母**：きょうかい9号

●**値段（税別）**：720㎖ 2,300円、1,800㎖ 4,000円

●**オススメの飲み方**：まずは冷やして、次は常温、最後に熱燗で。温度によって味わいが変化。辛口ながら米の旨味が引き立つ

●**オススメの肴**：鯛やイカ、白身の淡白なネタのにぎりなど

●**蔵見学**：不可　●**小売**：あり

山路酒造　長浜市木之本町木之本990
TEL.0749-82-3037　FAX.0749-82-5100

店頭の額は北大路魯山人によるもの

冨田酒造《とみたしゅぞう》

しっかりした米の味を大事に 木之本から世界に発信

　本能寺の変で織田信長が討たれ、その後継をめぐって羽柴（豊臣）秀吉と柴田勝家が争った。琵琶湖と余呉湖にはさまれた賤ヶ岳《しずがたけ》付近が天下分け目の戦場となり、その際に秀吉方で活躍した7人の武将は「七本槍《しちほんやり》」とたたえられた。

　その名にちなむ銘柄「七本鎗《やり》」で知られる冨田酒造の創業は、信長や秀吉が生まれた天文年間（16世紀半ば）。大正初期には、食通として知られる芸術家・北大路魯《きたおおじろ》山人《さんじん》が湖北に滞在した際に作品を残しており、その一つは店頭に飾られ、現在もロゴとしてラベルなどに用いられている。

　14代目の蔵元を務めたのは、冨田家長男の光彦さんに嫁いだ起代子さん。学者である光彦さんに代わって酒造りを担当した。まだ女性が蔵に入るのはタブーとされていた時代だったが、自ら麹室《こうじむろ》の設計を手掛け、古代米で赤く染める新しい酒などにも積極的にチャレンジした。次男で現在15代目蔵元の泰伸《やすのぶ》さんが蔵に戻ってからは、次第に全国から注目されるようになっていった。

若い感覚でブランドデザイン

　泰伸さんは2002年から湖北の同世代の農家とタッグを組み、地元の米を使った「七本鎗」を醸《かも》すとともに、若い感覚でブランド

木之本地蔵院の縁日に出店して「七本鎗」を販売

蔵の中で説明する15代目蔵元の冨田泰伸さん

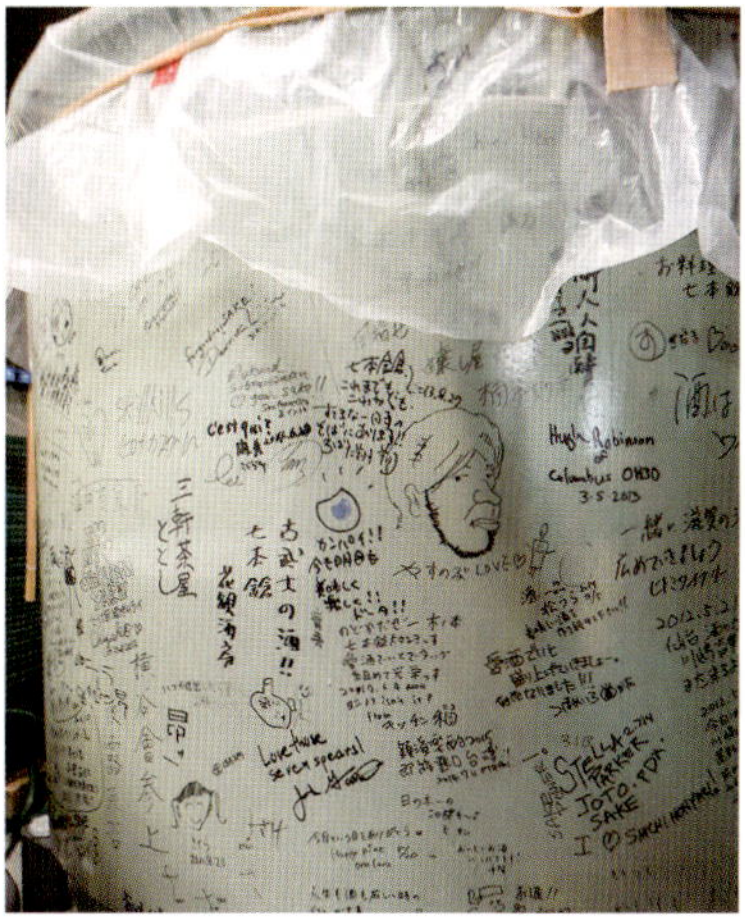

仕込みタンクには、蔵見学に訪れた得意先からの
応援メッセージがびっしりと書き込まれている

イメージをデザインしていった。ラベルやボトルだけでなく、Tシャツや手ぬぐい、近所の和菓子店・菓匠禄兵衛《ろくべえ》とコラボして作った日本酒入り和菓子「くずどーふ」など、洗練された美しさを表現してきたのは、魯山人の作品を見て育った環境にあったからなのかもしれない。

全国誌の日本酒特集でグラビアを飾るなど派手な印象を持たれることもあるが、仕込み時期になると蔵にこもって仕事を続ける。また、木之本地蔵院の縁日や北国《ほっこく》街道のイベントに出店するなど、地元とのつきあいも大事にしている。

泰伸さんが目指しているのは、食事といっしょに飲む酒だ。

「日本酒といえば華やかな酒が主流でしたが、米の味わいと料理との組み合わせを楽しんでもらいたいですね。ブームの時だけでなく、

2016年度に新しく建てた冷房完備の仕込み蔵。傾斜を活かしてタンクを半地下に据え、作業が安全かつ効率的に行えるよう工夫されている

長浜農業高校の生徒たちが作った米を使用した「長農高育ち」

いつの時代にも必要とされるのは、そんな酒だと思います」

海外への輸出(→65頁)は2005年から12ヶ国に行ってきた。最初は大吟醸ばかりが売れたが、次第に料理に合わせた酒が飲まれるようになってきているそうだ。

アメリカ向けのラベルには、馬上の武士が槍を構えて駆け抜ける姿が描かれている。単なる西洋人好みのデザインではなく、450年以上の伝統がある「七本鎗」ならではのブランドイメージだ。

さらに次の一手も話してくれた。

「ワインやブランデーはビンテージものに高い価値が付けられるのに、日本酒では長期熟成しても値段は変わりません。でも、酒の楽しみ方の一つに〝時間〟があると思う。熟成の違う酒をセットにして飲み比べてもらいたいですね」

地元農家・大学との協力

冨田酒造では現在、長浜市内の農家5軒と長浜農業高校の生徒たちが栽培した米を使用し、県外産の米は使っていない。農業高校の米から造る銘柄「長農高育ち」には次のような願いを込めている。

「農業高校を卒業しても農業に進む生徒は少ないのが実情です。自分の作った農作物が商品になる喜びを知ってもらえれば、その記憶が残って、いつか地元に戻って農家になってくれないかな、と」

2014年の春からは長浜バイオ大学と協力し「長浜人《ながはまびと》の地の酒プロジェクト」がスタートした。観光地として全国的に知られる黒壁スクエアにある物産店「黒壁AMISU《アミス》」が企画し、農家「百《ひゃく》匠屋《しょうや》」の清水大輔さんの指導のもと田植えや稲刈りなどから学生が関わり、プロモーションも行い、造った酒は「純米吟醸　長濱《ながはま》」(→123頁)として2015年から黒壁AMISUなどで限定販売されている。また、長谷川慎教授の研究室の学生が冨田酒造の酒粕《さけかす》から蔵付《くらつき》酵母《こうぼ》を取り出すなど連携している。

これがうちの酒！

「七本鎗《しちほんやり》」

低精白純米 80%精米

蔵元の冨田泰伸さん

蔵元から一言

米の穀物感をしっかり感じられる酒を造ろうと、精白を80%に抑えました。酸味や旨味、味わいの複雑さやキレなど、低精白ならではの独特の味わいが生まれ、食中に楽しんでいただきたい。当蔵の主力の酒米「玉栄」の個性が全面に出ており、2004年から取り組みつづけている思い入れのあるお酒です。

DATA

- **杜氏**：冨田泰伸（蔵元）　**酒米**：玉栄
- **精米歩合**：麹65%　掛80%　**酵母**：きょうかい701号
- **値段（税別）**：720㎖　1,250円　1,800㎖　2,500円
- **オススメの飲み方**：常温、ぬる燗　**オススメの肴**：回鍋肉《ホイコーロー》など
- **蔵見学**：不可　**小売**：あり

冨田酒造　長浜市木之本町木之本1107
TEL.0749-82-2013　FAX.0749-82-5507

ローカルを極めてグローバルに

冨田酒造の酒は60％が県内で消費され、そのうち80％が湖北で売れているそうだ。泰伸さんは言う。

「自分が蔵で酒造りを始めた頃は『山田錦』を使った酒ばかりが売れていたので、『玉栄』で個性的な酒を造ることにしました。日本酒は〝米の国の米の酒〟。日本ならではの米文化です。湖魚の佃煮など、しっかりした味付けの食文化を持つ湖北で酒を造る意味を考えて、しっかりした米の味を大事にしていきたいですね」

冨田酒造の強み、それは滋賀県の〝田舎としての良さ〟をデザインしなおして、全国そして世界へと発信していることだろう。ローカルを極めてこそグローバルに展開できることを証明しているのではないだろうか。

酒造用語の豆知識

木槽搾り

醪《もろみ》を搾《しぼ》るためには、電動機械のヤブタ式や、電気を使わず四角い箱状の木槽《きぶね》を使う佐瀬式などがある。

佐瀬式木槽の中に、醪を袋に詰め幾重にも積んでいくと、袋の中から清酒だけが濾《こ》されてふなくちからしたたり落ち、袋の中には粕《かす》が残る。木槽の底に袋を重ねる作業が長時間続くため、木槽搾りは蔵人へ大きな負担がかかる。

醪の自重で自然にしたたる部分の最初の荒々しいものを「あらばしり」、途中からの安定した部分を「中汲《なかぐ》み」、最後に油圧で押した部分を「責め」と呼ぶ。

木製のほかに内部がステンレス製のものもある。

里山と田園に囲まれた西阿閉集落の中にある山岡酒造

山岡酒造《やまおかしゅぞう》

昭和12年生まれの蔵元杜氏は常に新しい酒造りにチャレンジ中

1871年（明治4年）創業の山岡酒造は、山本山を望む長浜市高月町西阿閉《にしあつじ》にある。2017年現在80歳の山岡仁蔵《じんぞう》さんは県内の蔵元杜氏《とじ》の先駆けで、今も現役として活躍中だ。東京の日本酒造組合中央会とも連携して技術的なアドバイスをもらうなど、まだまだ進化を続けている。

酒米はほぼ全量地元産のコシヒカリを自社精米、搾《しぼ》り機は県内で唯一ヤエガキ式木槽《きぶね》、蔵の2階にある蒸し場で米を蒸すと、エアシューターでタンクに仕込む。

「こんな酒が欲しい」という声に細やかに対応するため、新しい取り組みも多い。長浜バイオ大学の学生らとの「長浜人《ながはまびと》の地の酒プロジェクト」に参加したのもその一つで、酒米「吟吹雪《ぎんふぶき》」に初めて取り組み、2016年に「純米吟醸長濱《ながはま》」（↓123頁）をリリースした。

「40代から50代の頃は寝ないで酒を造ったもんです。能登《のと》から5人、地元から10人くらいの人を雇っていて、トラックに積んで静岡の小売店まで売りに行きました。おもしろいほど売れたんですよ」

と、良き時代を振り返る。昭和と平成の二つの時代を駆け抜けてきた山岡さんのお酒に会いに、ぜひ蔵まで行ってみてほしい。見学はできないが、山岡さんから楽しい話が聞けるかもしれない。

古びた煙突がそびえる。昔ながらの貴重な景色

1階の仕込み蔵内部

自社の精米機。この規模で精米機を持つ蔵は少ない。最盛期にかなりの設備投資をしてきた証といえる

オオワシが観察できるスポットとして有名な山本山をバックに、「湖の誉」を掲げる山岡仁蔵さん

これがうちの酒！

「湖《こ》の誉《ほまれ》」

本醸造　上撰

蔵元杜氏の山岡仁蔵さん

蔵元から一言

地元の方の要望にできるだけ沿えるように造っているので、地元で喜んでいただける酒に仕上がっています。

DATA

- **杜氏**：山岡仁蔵（蔵元）　**酒米**：コシヒカリ（長浜産）
- **精米歩合**：70％　**酵母**：きょうかい7号
- **値段（税別）**：720mℓ　800円、1,800mℓ　1,700円
- **オススメの飲み方**：夏は冷やして、冬はお好みの温度でお燗を
- **オススメの肴**：ふなずし、鮎の飴炊き、カニの足など
- **蔵見学**：不可　**小売**：あり

山岡酒造　長浜市高月町西阿閉1395
TEL.0749-85-5167　FAX.0749-85-5417

佐藤酒造《さとうしゅぞう》

地元の応援を受け念願の復活
新しい酒蔵として長浜の地酒を全国へ

佐藤酒造の蔵。半円の板はタンクのふたとして使われていたもの。
古い蔵から新しい蔵へ引き継がれている

旧佐藤酒造は明治中期の創業。昭和後半に他の七つの蔵とともに滋賀第一酒造共業組合を設立し、「大湖《たいこ》」や「六瓢箪《むびょうたん》」などを大規模な施設で生産していたが、時代の流れで清酒の消費量が落ち込み、組合は廃業することになった。

しかし、杜氏《とじ》（越前糠《ぬか》流）から仕込みを任されるなどしていた佐藤硬史《かたし》さんは酒造りをあきらめきれず、酒蔵を作り、酒造免許を新たに取得して2011年、新しい佐藤酒造を立ち上げた。

水に恵まれた長浜市内の工場で四つのタンクに仕込み、小さなジャッキ式の搾《しぼ》り機でステンレスの槽《ふね》に搾る。空調を効かせた蔵では、夏でも酒造りができるが、滋賀第一酒造での大型仕込みとは異なり、一つひとつが手作業だ。

旧佐藤酒造の「湖濱《こはま》」を主力銘柄として復活させた佐藤さんは、「日本の山・鉾《ほこ》・屋台行事がユネスコ無形文化遺産に登録され、滋賀県からは唯一、長浜曳山まつりが入りました。長浜の地酒として、このまちの情報とともに全国へ発信していきたい」と熱く語る。

地元から多くの応援を受けながら、2017年にはクラウドファンディングで資金を調達し、「湖濱」ブランドでは初の純米吟醸酒に挑戦した。小さく新しい蔵が大きく成長しようとしている。

「湖濱」「六瓢箪」以外にも「生乍《うまれながら》自由《じゆう》」がある

長浜曳山まつりがユネスコ無形文化遺産に登録された時には、「湖濱」で鏡開きが行われた

これがうちの酒！

「湖濱《こはま》」
特別純米酒

蔵元の佐藤硬史さん

蔵元から一言

やわらかな口当たりと芳醇な旨味の「ロンドン酒チャレンジ2015」金賞受賞酒です。長浜産山田錦とミネラルの豊富な伊吹山系の仕込水で醸し、低温でまろやかに熟成させました。米の旨味とほどよい酸が調和し、チーズや濃いめに味付けした料理とあわせると相乗的に味が広がります。

DATA

- **杜氏**：佐藤硬史（蔵元）　**酒米**：山田錦（長浜産）
- **精米歩合**：60％　**酵母**：きょうかい９号
- **値段（税別）**：720㎖ 1,400円、1,800㎖ 2,800円
- **オススメの飲み方**：冷や
- **オススメの肴**：小鮎の佃煮、ふなずしなど
- **蔵見学**：不可　**小売**：あり

佐藤酒造　長浜市榎木町979
TEL.0749-68-3600　FAX.0749-68-3601

芹川のほとり、美しい里山に仕込み蔵がある（写真提供：中川信子）

多賀《たが》

地元の風土を大切にしながら
手造りと新しい仕込みが共存する蔵

1711年(正徳元年)創業の中川酒造から大老《たいろう》酒造、そして多賀へと時代とともに変遷を重ねてきた。初代・中川四郎介は石灰の製造が家業。仕込み水は鈴鹿山系から流れる芹川の伏流水《ふくりゅうすい》でミネラルが多く、硬度136の硬水である。

現在は月桂冠グループとして「多賀」銘柄の製造販売も行う。全国新酒鑑評会で金賞を13回受賞している。そんな中、前杜氏《とじ》の寺嶋敏夫さんは2009年、それまで使ったことのない飯米「秋の詩《うた》」での純米酒に初めて取り組んだ。原料米は多賀町内の農家さんの秋の詩会のメンバーが熱い思いを込めて作っている。その甲斐あって2015年と2016年の「純米酒大賞」で金賞を受賞した。蔵元の娘として生まれ現在は役員を務める中川信子さんは、

「田んぼで生き物調査を行ってもらったらホウネンエビなど昔の環境が残っているといううれしい評価をもらいました」

と笑顔を見せる。

多賀では、いち早く廃水の処理場を設置し、水環境について配慮した酒造りに取り組んでいる。「多賀秋の詩」ラベルには杉坂山と芹川と赤トンボが描かれている。ふくよかな香りとともにしっかりした米の旨味。燗をつければ、しみじみと里山の秋を味わえる。

蒸し上がった米を冷ますため、布に載せ運ぶ。時間との競争だ

「多賀秋の詩」のラベルに描かれている杉坂山。ゆったりと稲の成長を見守っているようだ

高温の蒸し米をほぐしながら布に広げていく

これがうちの酒！

蔵元の山下正朋さんと、中川信子さん

蔵元から一言

高評価の近江米「秋の詩」の旨味を存分に取り込んだ純米酒。どんな料理にも合う穏やかな味わいが特徴です。「食べておいしい、飲んでおいしい秋の詩！」を合言葉に、地元農家さんと協力して、その魅力を発信中。常に技術の向上に取り組み、健康によく安心して飲めるお酒をめざしています。

「多賀秋《たがあき》の詩《うた》」
純米酒

DATA

- **杜氏**：北川昭夫（社員）　**酒米**：秋の詩（多賀町産）
- **精米歩合**：70％　**酵母**：協会酵母
- **値段（税別）**：720㎖ 1,110円、1,800㎖ 2,190円
- **オススメの飲み方**：花冷え（10℃）
- **オススメの肴**：山菜の天ぷら、里芋の煮物など
- **蔵見学**：不可　**小売**：あり

多賀株式会社　犬上郡多賀町中川原102
TEL.0749-48-0134　FAX.0749-48-1363

玄関は小売スペースやギャラリー、仕込み蔵への入口だ

岡村本家《おかむらほんけ》

地域密着の酒を造り まちなみを守る開かれた蔵

　近江商人の故郷の一つ犬上郡《いぬかみ》豊《とよ》郷町《さとちょう》は、近年ではアニメ「けいおん!」の聖地としても知られる、ヴォーリズ建築の小学校旧校舎がある町だ。1854年(安政元年)創業の岡村本家は、古い蔵や民家の立ち並ぶ静かな吉田集落にある。

　蔵元の岡村博之さんは、大学卒業後、大手酒造メーカーで働いていたが、1992年に家業を継ぐために帰郷した。曾祖父の代には県外に蔵を持つほど規模が拡大していたが、祖父に兄弟が多かったため遺産は細かく分配され、先代蔵元・太《ふとし》さんの代を迎えていた。さらに日本酒離れが始まった時代でもあり、廃業も検討するような状態に陥っていたという。

　博之さんはまず蔵を整理することから始めた。修理できないものは取り壊し、現在、酒造場としている大きな蔵の2階を大広間に改装し、ギャラリーとして残した。ここでは現在ライブなどが開催されている。

　メイン銘柄「金亀《きんかめ》」の名は彦根城の別名・金亀《こんき》城に由来する。また、「よしだ」や「目賀田《めかだ》」(愛荘町《あいしょうちょう》目加田)は集落名から来ており、ともに現地の営農組合から仕入れた酒米を一定量の酒として返し、それ以外を町内の酒屋に売ってもらっている。他の銘柄の原料米も100%が地元の契約農家産だ。

700石全量を木槽２基で搾る

「よしだ」は地元の営農組合の名前のお酒。ほかに営農組合から購入した米で造られた酒がいくつも並ぶ

杜氏の園田睦雄さん

無農薬栽培の「滋賀渡船６号」の玄米で醸す「金亀」の酒母。粒々が残っている

「少量の仕込みの酒なので手間がかかりますが、米が買えなかった時代に売ってもらったことを忘れないためにも」

と、地元への感謝を込める。

学生プロジェクトの受け入れ

岡村さんが実家に帰ってきてすぐ、近所の古い蔵が取り壊された。大きな衝撃を受け、地元の若手たちが集まって町の未来を話し合う場として、２００１年に「とよさとまちづくり委員会」を結成した。２００４年には滋賀県立大学の学生チーム「とよさと快蔵《かいぞう》プロジェクト」を受け入れた。空き家になった古民家や蔵を学生らが改修して地域で活用する試みだ。メンバーたちは自らの手でシェアハウスに改装して下宿先にしたという。

敷地内の蔵も２００６年にバー「タルタルーガ」として生まれ変

蔵の2階の大広間

わった。屋号はイタリア語の「亀」で「金亀」に由来し、営業や経営は学生が行っている。

若い世代が町を出て行く一方だった豊郷に学生が住み込むことで、まちに活気が生まれている。

金亀を「分かりやすい酒」に

岡村本家では700石全量を木《き》槽《ぶね》(→15頁)2基で搾る。岡村さんとコンビを組むのは県内初の社員杜《と》氏《じ》となった園田睦雄さんだ。

二人は「金亀」を変えてきた。精米歩合が40～90%の10%刻みで6種を造り、それぞれ藍・黒・緑など違う色のビンに詰め、あえて吟醸・大吟醸といった表示はしていない。味や香りを比べてもらうことで日本酒のおもしろさを伝えようとしているのだ。

たとえば「白80」は江戸酵《こう》母《ぼ》を使い、江戸時代の日本酒の再現を

定食の味付けは、酒粕・塩麹・味噌の3種から選べる。味噌汁の味噌も蔵人の手造り

昔の精米蔵を改装したカフェ「豊郷発酵倉」

イベント

4月・10月最終土日 ●**金亀酒蔵祭り**

搾りたて新酒直汲み量売り、酒蔵居酒屋など(予約不要)

これがうちの酒！

「長寿金亀《ちょうじゅきんかめ》」
白80

蔵元の岡村博之さん

蔵元から一言

仕込は小仕込み、麹造りはオリジナル蓋麹、搾りは木槽袋搾り、ビン詰め後のビン貯蔵と、昔ながらの製造を今なお残しています。「長寿金亀白80」は、昭和40年代まで製造していた精米歩合80%のお酒を復活させた、芳醇な味わいと旨味を兼ね備えたお酒です。

DATA

- **杜氏：**園田睦雄（能登杜氏、社員）　**精米歩合：**80%
- **値段（税別）：**720㎖ 1,131円、1,800㎖ 2,262円
- **オススメの飲み方：**冷酒からお燗まで自由に
- **オススメの肴：**和食全般　**蔵見学：**可（案内がいる場合は要予約）

岡村本家　犬上郡豊郷町吉田100
TEL.0749-35-2538　FAX.0749-35-3500

めざした。精米歩合が低いため米のさまざまな味わいが残る濃い酒なのだが、酸が効いてさわやかに仕上がっている。岡村本家といえばこの酒を選びたい。

営業職はいない。蔵に買いに来る客が多く、生産量の半分は直接販売だという。蔵見学は随時受け付けており、蔵開きイベントは年2回行っている。精米蔵を改装したカフェ「豊郷発酵倉《はっこうぐら》」が2016年にオープンし、もてなしの幅がさらに広がった。

東近江市の「立ち呑み酒場能登《のと》川《がわ》駅前店」や、京都の「遊亀《ゆうき》祇園店」も直営店で、本物の味とお手頃価格で大人気だ。もちろん「金亀」は全種が揃っている。

蔵見学や居酒屋で生産者が直接消費者に提供する道を選んだ岡村本家は、日本酒のさまざまな飲み方を提案している。

酒造用語の豆知識

精米歩合

酒造りに使う米は、まず玄米の状態から胚芽《はいが》と表面に近い部分に多い不要な養分を削り取る。

どれだけ削ったかを表す精米歩合（%）は、精米した米の重さを玄米の重さで割り100を掛けたものだ。

大吟醸・純米大吟醸の酒を造るには、精米歩合50%以下の米を使う（→89頁）。精米歩合が小さくなるほど多くの部分を削ることになり、雑味が少なくなる。

私たちが普通に食べている白米の精米歩合は92%程度。蔵では精米することを「米を磨く」と言うが、日本酒は、まさに磨きをかけた米で造られていると言える。

藤居本家《ふじいほんけ》

新嘗祭の御神酒「白酒」を献上
威風堂々たる欅の蔵

堂々たる蔵の建物正面。偉容という言葉がふさわしいたたずまい

田んぼの広がる湖東平野に、ひときわ目立つ大きな蔵。それが、1831年(天保2年)創業の藤居本家だ。1階が店舗で2階に大広間がある総欅《けやき》造りの建物は威風堂々としており、他に、見学用の蔵、清酒仕込み用の蔵、新嘗祭《にいなめさい》に献上する御神酒《おみき》(白酒《しろき》)仕込み専用の蔵と、3種の大きな蔵がある。見学用は築100年の登録有形文化財で、NHK朝の連続テレビ小説などドラマのロケが何度も行われている。貯蔵用の蔵も見学可能なので、ぜひ入ってみてほしい。全国どこの一般的な蔵の建物とも一線を画していることが実感できるはずだ。

樹齢700年を超える欅の一本柱は一人では抱えられないほどの太さだが、それが感じられないほど建物自体が広く、天井が高い。天井裏に孟宗竹《もうそうちく》を並べ、その上から壁土を30㎝敷き詰め、その上に大屋根を組む二重構造で断熱効果を高めている。

この建物の偉容は、設計者である先代蔵元・藤居静子さん自身の豪傑さを象徴しているかのようだ。医師免許を持つ酒蔵経営者であり、初の滋賀県知事選挙に立候補した。酒蔵の設計は、解剖学の知識により人体の骨格の構造に倣《なら》ったというから驚く。滋賀県酒造組合の三女傑《じょけつ》の一人に数えられているのもうなずける。

欅の大広間の１階は小売スペースとなっている。試飲もできる幸せな空間。年中無休

欅の巨木がふんだんに使われている大広間。コンサートや展示会などのイベントも開催される

貯蔵用の蔵。見る者を圧倒する大きさ

イベント

5月3日、4日 ●蔵開き

8月13日 ●旭日縁日

店舗や酒蔵で各種きき酒、きき当て

蔵見学で日本酒への理解を

蔵開きや夏祭り、大広間でのコンサートなどのイベントを年に何度も開催し、予約制の蔵見学では7代目蔵元である藤居鐵也《てつや》さんが次のような説明をしてくれる。

見学用の蔵の入口に吊るされた杉玉の意味や、入ってすぐの「試験室」や「受検室」のこと、古い木製の桶《おけ》や甑《こしき》の使い方、現在使っている酒米の稲穂、日本酒の製造工程など、とても分かりやすい解説だ。

仕込み水を味見させてもらうと、口当たりがまろやかだ。近くを流れる愛知《えち》川の伏流水である。

そして藤居さんは、酒蔵見学をこんな言葉で説明を締めくくる。

「生で水が飲める、すばらしい米がある、四季がある日本で、日本酒は独特の酒として育ってきまし

蔵開きのイベントは大盛況

た。日本酒を飲む時には温度を変える、器を変える、飲むお相手を変える。それでまた味わいが変わります。ぜひ日本酒で乾杯をしていただきたいと思います」

「短稈渡船二号」への思い入れ

明治時代に滋賀県で盛んに栽培されていた酒米が「渡船《わたりぶね》」という品種である。丈が160cmを超える晩生《おくて》であり、品種改良が進む前のワイルドさが残っていた。その渡船の中でも丈の短い(短稈《たんかん》)2号系統が有名な「山田錦」の親となり、その後どんどん栽培しやすい品種に取って代わられ、長らく幻の酒米となっていた。2004年、一握りの籾種《もみだね》から「滋賀渡船6号」が復活し、2006年には県内の8蔵が契約栽培した。

「私の父や母の代に多く使っていた米ですから」

杜氏の西澤拓也さん

と、藤居さんは特に思い入れが深く、その後さらに農家と協力し4年をかけて「短稈渡船」を独自に復活させたのだ。

その執念の米を100%使用したのが「旭日《きょくじつ》」純米吟醸原酒ひやおろし「短稈渡船二号」である。少し冷やしてワンショット、グラスで飲めば甘味・酸味、米の旨味がたっぷりでバランスがよく、肴《さかな》は不要なほど。山田錦の酒に比べると野性味があり、パワーがギュッと詰まっているような印象を受け、

これがうちの酒！

「旭日《きょくじつ》」レトロラベル
純米吟醸

蔵元の藤居鐵也さん

蔵元から一言

滋賀県環境こだわり農法により栽培された「吟吹雪」を100％使用。酒蔵のおいしい水で仕込んだ、豊かな香りと米の旨味たっぷりの、ふくよかなやや辛口です

DATA

●**杜氏**：西澤拓也（能登流、社員）　●**酒米**：吟吹雪

●**精米歩合**：60％

●**値段（税別）**：720㎖：1,450円、1,800㎖：2,900円

●**オススメの飲み方**：常温、冷やして　●**オススメの肴**：鮎の塩焼きなど

●**蔵見学**：可（要予約、特定日不可）

藤居本家　愛知郡愛荘町長野793
TEL.0749-42-2080　FAX.0749-42-3047

燗をつけてもよい。脂の乗ったサーモンやブリの刺身などと合わせても、その後口を酸が洗い流してさっぱりさせてくれる。

他の酒も個性的だ。2016年、アジア向けの輸出用の酒として滋賀大学社会連携研究センターと共同開発した「琵琶の舞」純米吟醸原酒は、中華や肉料理にも合うよう甘口の原酒となっている。「旭日」生酛《きもと》造り純米生原酒は、農家でもある杜氏《とじ》が東近江市内で栽培した「山田錦」を使った乳酸菌・酵母《こうぼ》無添加の酒。これぞ地酒といった滋味あふれる仕上がりで燗をしたくなる。

オンラインショップもあるが、ぜひ蔵へ足を運んでいただきたい。蔵の建物や欅の柱の圧倒的迫力にふれてから飲むと、「旭日」はさらに旨さが深まるはずだ。

酒造用語の豆知識

飲む温度

世界中の酒類の中で日本酒が最も優れているのは、幅広い温度でおいしく飲めるという点だ。お湯で割る酒は珍しくないが、酒そのものをマイナス10℃くらいから60℃まで楽しめる酒は他に見当たらない。季節によって、最適な温度を探して飲んでみてほしい。夏場にキリッと冷やした酒や、冬場の熱燗など、季節を感じる楽しみ方がある。

酒の印象は、飲む場所の気温や、合わせる料理、酒器、そして酒自体の温度によって、かなり変わってくる。飲む人の体調などもあり、その日の気分で温度も変えてみると新たな味わいが見つかることもある。

蔵元サイトでは「お酒トリビア」としてイベントや酒造りの情報を発信している

湖東

愛知酒造《えちしゅぞう》

渡来人の伝えた先進の文化
秦荘の名前と土地を愛する蔵

紅葉の名所としても名高い湖東《ことう》三山《さんざん》の真ん中に位置する金剛輪寺《こんごうりんじ》は愛荘町《あいしょうちょう》の山手にある。同じ町内の愛知《えち》酒造は愛知川の伏流水《ふくりゅうすい》で「富鶴《とみつる》」を仕込む。くせがなく、おいしい水である。清涼飲料水の大手メーカーが同じ水系に工場を置くほど豊かな地下水だ。また山手に行けば行くほど粘り気のある土と寒暖の差があり、よい米ができる。この水と米とが「富鶴」の原料となる。

秦荘町《はたしょうちょう》は2006年、隣接する愛知川町と合併し愛荘町となり、その名は小学校や郵便局に残るのみとなった。だが、愛知酒造では「はたしょう」という銘柄を合併前から造り、現在も残している。

2016年には、お隣彦根市の伝統産業である仏壇職人の技を使ったぐい呑みと「富鶴」大吟醸のセットをリリースした。ぐい呑みの外側は木地のまま。内側は鮮やかな朱塗りで酒の色気を引き出す。彦根の職人は仏壇以前、武具を手掛けていたといい、朱色は武勇に秀でた戦国の部隊「井伊の赤備《あかぞな》え」を連想させる。湖東の地酒を味わうには最高の酒器だろう。このセットは蔵元夫人のアイデアだ。

杜氏《とじ》は長く越前糠《ぬか》流であったが、高齢となったため南部流に代わった。杜氏と蔵元とが息を合わせ、すっと飲める酒をめざしている。

板塀がいい味わいの蔵

仕込み蔵内部

蔵元プロデュースのぐい呑み。
朱色の漆が美しい

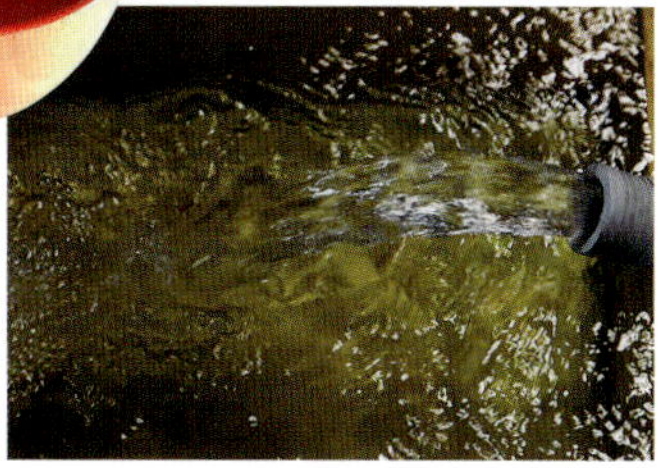

豊富な地下水に恵まれている

これがうちの酒!

「富鶴《とみつる》」
蔵内氷温貯蔵
生酒

蔵元の中村哲男さん

蔵元から一言

搾《しぼ》りたての生酒の中で杜氏が特に高品質と鑑定した部分のみをビン詰めし、蔵内で氷温管理しています。数量限定の当蔵元の自慢酒で、キレのある飲みやすいタイプ。自己主張しないので料理のじゃまをせず、食中酒として最適です。

DATA

- **杜氏：**鎌田福三（南部杜氏）
- **精米歩合：**70%　**酵母：**きょうかい901号
- **値段（税別）：**720mℓ 1,500円、1,800mℓ 3,000円
- **オススメの飲み方：**少し冷やして、そのままかロックで
- **オススメの肴：**刺身、ふなずし、近江牛ステーキなど
- **蔵見学：**不可　**小売：**あり

愛知酒造　愛知郡愛荘町野々目207
TEL.0748-42-2134　FAX.0748-42-6361

仕込み蔵の2階には立派な神棚があり、蔵の中で生まれて旅立つ酒を見守っている

東近江

松瀬酒造

まつせしゅぞう

清らかな気を内包し 美しい田園風景の中に建つ蔵

松瀬酒造がある蒲生郡《がもうぐん》竜王町は琵琶湖の東側にある。田園地帯が広がり、米だけでなく果物の産地で、近江牛も多く飼育されている。天智天皇の妃・額田王《ぬかたのおおきみ》と大海人《おおあまの》皇子が「あかねさす……」と相聞歌を詠んだのが蒲生野であり、歴史深い土地柄だ。

国道8号から名神高速道路竜王インターへ向けて、しばらく車を走らせると、田んぼの中の集落に「松の司」と書かれた蔵が見えてくる。蔵の脇には常時水をたたえる「ふゆみず田んぼ」が、青空と白い雲を映し出し、その風景の美しさに息を呑む。

蔵元の松瀬忠幸さんはワインにも造詣が深い。

「何代も継がれて造り上げられていますから、ワインに習うところは多いです。ワイン造りが行われている地域はとても美しく、レストランがあったりして旅行先としても人気がありますよね。日本の田舎も本当は負けていません。どう伝えるかだけなのです」

と、日本の農業に対しての自信と同時に課題も掲げた。杜氏《とじ》が先代の瀬戸清三郎さんから石田敬三さんに代わった2009年から、蔵を挙げて米作りにも強い関心を寄せている。「田んぼが隣にあるので見ているだけ」と言いつつ、松瀬さん自身、米作りの農法など

「松の司」の文字も鮮やかに、蔵が凛とした姿を見せる

洗米・浸漬作業

麹室

杜氏の石田敬三さん

に詳しい。高品質の酒をめざすため、どれだけ米自体に重きを置いているか話を聞くうちに伝わってくる。

米から始める酒造り

「松の司」の原料米の約80%を占める竜王町産米は全量「環境こだわり農産物」(→93頁)として認定を受けている。この認定制度は滋賀県が行っているもので、他府県よりも条件が厳しく、普通の米作りに比べて非常に手間がかかり技術も必要とされる。

2003年産から、松瀬酒造は契約農家と栽培期間中の無農薬・無化学肥料に取り組んでいる。

「無農薬に価値を認めるのはヨーロッパの流れです。でも、ご存じのように日本の農法のもとで有機JAS規格を満たすには、農家の負担も大きくて厳しい。そこで、

揃いの帽子にもロゴマーク

できる限りのことをやろうと、最初は、うまくいかなかった田んぼの稲は使わないくらいの覚悟でした」

現在、酒全量のうちの1割は「AZOLLA《アゾラ》」や「ふゆみず」という名の酒となる。

アゾラとは水草のことで、除草剤を使わず水面を水草で覆わせることで日光を遮り、雑草の育成が抑えられる。2002年頃から、そんな農法を始めた。

ふゆみずとは冬水(冬期湛水《たんすい》不耕起栽培)のことだ。田んぼを耕さず、稲刈り後に水を溜めておくことで稲自体の野性を呼びさまし、生命力を高める農法だという。その田んぼは、仕込み蔵のすぐそばにあり、蔵とともに里山の美しい景色を成していた。案内してくださった時の松瀬さんの晴れ晴れとした笑顔は忘れられない。

清らかな心で酒を造る

新しく感じる仕込み蔵の中では、若い石田杜氏を中心とした蔵人たちがハツラツと働いていた。「松の司」のロゴが入った、しゃれたジャケットとキャップを揃って身に着けている。

石田さんは生酛《きもと》仕込み(↓79頁)も手掛けており、松瀬さんは「昔ながらのやり方は素晴らしい」と言う。蒸し米を広げ、蔵の中に棲《す》んでいる酵母が落ちてくるのを待っているだけで、近年の方法「速醸《そくじょう》」とは違い、人工的に培養された酵母や乳酸を添加しない。

松瀬酒造の社是には「清らかな心」という言葉が入っている。

「私の代になってから入れた言葉です。酒造りに関わる人みなが迷いなく汚《けが》れなく楽しんでほしい。そんな気持ちになってもらえるような環境を整えるのが蔵元としての私の仕事だと思っています」

その社是は蔵の中にしっかりと浸透していることを感じた。県内では唯一、特約店制度による販売を行い、全国的に知名度の高い蔵の一つである。

「楽《らく》」純米吟醸しぼりたては、少し甘口で肉に合わせると旨い。「松

これがうちの酒！

「松《まつ》の司《つかさ》」
純米吟醸
竜王《りゅうおう》山田錦

蔵元の松瀬忠幸さん

蔵元から一言

このお酒の通称は「ブルー」。地元竜王町の契約農家の方々が栽培してくださった山田錦の中から、その年最も良質な米で造ります。地元の土と人によって育まれた米、地元の水と気候で仕込んだ、まさに竜王のテロワール（生育地の地理や土壌、気候などによる特徴）を宿すお酒です。透明感の中にふくよかな旨味を感じさせます。

DATA

- **杜氏：**石田敬三（能登杜氏）　**酒米：**山田錦（竜王産）
- **精米歩合：**50%　**酵母：**自社保存株
- **値段（税別）：**720㎖ 1,950円、1,800㎖ 3,900円
- **オススメの飲み方：**温度は常温、酒器は陶器のぐい呑みやワイングラス
- **オススメの肴：**鮎の塩焼き、白身魚や山菜の天ぷらなど
- **蔵見学：**不可　**小売：**なし

松瀬酒造　蒲生郡竜王町弓削475
TEL.0748-58-0009　FAX.0748-58-0194

の司」純米大吟醸は、冷蔵熟成するとクリアな味わいに深みが加わる。1年以上寝かせた「松の司」の熟成酒を体験すれば熟成酒のイメージが変わるだろう。

水草（アゾラ）や、ふゆみず田んぼによる酒のストーリーによって、地元竜王町の魅力を全国に発信しているともいえる。

イベント

春（4～5月）滋賀 or 京都

●松の司きき酒会

新酒を含めた全ラインナップの試飲会（予約不要）

秋（9～10月）滋賀県内

●松の司を楽しむ会

近江の食と合わせてリバークルーズなどで楽しむ（要予約）

酒造用語の豆知識

保存と賞味期限

日本酒を保存する時、気を付けなければならないのは紫外線と温度だ。

直射日光を当てるのは厳禁、冷蔵庫でも照明が当たらないよう新聞紙を巻いておくと劣化を防ぐことができる。

温度については、夏場は火入れ酒であっても冷蔵庫に入れておくほうが安心だ。生酒については必ず冷蔵庫で保存すること。

あくまで個人的な意見だが日本酒の賞味期限は「飲んでみておいしければ大丈夫」と考えている。その酒その酒で、最もおいしくなる時期は異なる。1年以上熟成した時が飲み頃という酒もある。

すぐ裏手には近江鉄道が走る畑酒造。蔵正面からは太郎坊宮も見渡せる

東近江

畑酒造《はたしゅぞう》

4代目が確立した新ブランド「大治郎」アニキが醸す出会い酒

長らく「㐂量能《きりょうよし》」という銘柄が主力だった畑酒造は、4代目蔵元の畑大治郎さんが新たに「大治郎」を立ち上げた。2000年のリリース前には、3代目蔵元である父・寿一郎《じゅいちろう》さんとの衝突もあったという。無濾過《ろか》生原酒(↓43頁)というタイプは、流通や冷蔵設備が整っていない時代にはあり得ない酒だ。保管状態によっては、酒質が大きく変化する危険もある。先代の危惧も当然であった。

2005年、畑さんは、

「この酒がなかったら、廃業していたと思います」

と言っていた。社運を賭けた「大治郎」は、当初生のみで原酒というインパクト強めの酒として売り出した。時代のニーズにも合っていたため全国誌にも取り上げられ、大阪をはじめ東京でも広く飲まれるようになっていった。「㐂量能」は地元中心の流通だったので、全国各地のお客さんから「この店で見たよ!」と声を掛けてもらった時、畑さんは手応えを感じたという。

前杜氏《とじ》の谷内博さんのもとで酒造りの技術を磨いた畑さんは、2010年に蔵元杜氏としてデビュー。その後「大治郎」は、火入れ酒や熟成酒、山廃《やまはい》仕込み(↓97頁)など種類も増え、インパクトよりも飲みつづけられる酒へとシフトチェンジしていった。2016

仕込みタンクの醪をのぞきこむ蔵元の畑大治郎さん

きき酒に使える応接スペースは内装に木樽をばらしたものが使われている。壁塗りは畑酒造で修業中だった中澤酒造の中沢一洋さんが行った

契約農家のグループ「呑百笑の会」の額の前に「大治郎」のラインナップが並ぶ。左端が「19歳の酒」

小売の店頭にある酒米の稲穂の展示

年からは生酛《きもと》仕込み（↓79頁）を開始。チャレンジすることも忘れない。

コンセプトは「造り手の顔の見える酒」

畑酒造は仕込みの全量を契約栽培の米にしている。「大治郎」の立ち上げ時から「呑百笑《どんびゃくしょう》の会」という農家のグループの米で仕込んできた。また、若い社員二人は、夏場農家として米作りに汗を流す。畑酒造には自社田が約3反あり、畑さん自ら酒米「吟吹雪《ぎんふぶき》」を育てている。

「米作りはモノづくりとしておもしろいです。気候や天候の影響を受けるため、酒造り以上に思うようにいかないですから。酒の原料は米。米には責任の持てるものを使わなあかん、と思っています」

酒の裏ラベルには、米の生産者欄もあり、米の作り手の顔も見え

仲よくイベントに参加する蔵元の畑大治郎さんと妻の久美子さん

2017年「19歳の酒」仕込み風景

るようになっている。

　また、2012年度からスタートした「19歳の酒」プロジェクトでも、自社田で育てた米を蔵で仕込み、作業を若者と協力して行っている。この酒造りは、大阪の3軒の酒屋(白菊屋、かどや酒店、地酒のにしじま)の「新成人に、自ら携わった、ちゃんとした酒を飲んでもらいたい」という思いから始まった。参加者は19歳のうちに田植えやカカシ作り、稲刈り、仕込み、ラベルの文字などに関わる。そして、20歳になって初めて乾杯するのが「19歳の酒」だ。これぞ究極の「造り手の顔の見える酒」といえる。

「若い人たちが、思いのほか熱心に関わってくれるので驚きました。女の子のほうが多くて積極的ですよ。すごいパワーですわ」

　と、畑さんも楽しく取り組んでいる。

造り手の心意気が 酒にこもり縁を生む

「大治郎」と筆者の出会いは、2001年の秋にさかのぼる。食をテーマにしたイベントに滋賀県酒造組合がブースを出し、お猪口を500円で買えば、50以上の蔵の酒が試飲し放題という酒飲みにとっては夢のような企画を行っていた。たまたま目の前の酒を酌んでみたところ、驚くほどフレッシュで味わいが濃い。それまでの日本酒の概念を打ち砕かれ、そこから興味が湧きあがり、きき酒師の資格を取り、蔵めぐりを始めた。そのきっかけとなったその酒こそ「大治郎」だったのだ。

　数年後、畑さんからこんなふうに聞かされた。

「組合行事では各蔵が酒を提供するのでけっこうな負担となり、当

これがうちの酒！

「大治郎《だいじろう》」
純米生酒

中央が蔵元の畑大治郎さん。社員の遠藤明さん（左）と山田秀紀さんとともに

蔵元から一言

地元農家の酒米生産グループ「呑百笑の会」の「吟吹雪」を使用し、ていねいに原料処理をして小仕込みで醪管理をしています。しっかりとした旨味が舌の上で広がり、少し余韻を楽しんでいただけます。

DATA

- **杜氏**：畑大治郎（能登杜氏・蔵元）　**酒米**：吟吹雪（滋賀県産）
- **精米歩合**：60％　**酵母**：きょうかい9号
- **値段（税別）**：720㎖ 1,225円、1,800㎖ 2,450円
- **オススメの飲み方**：冷やして（10～15℃）
- **オススメの肴**：焼き鳥（塩）など
- **蔵見学**：不可　**小売**：あり

畑酒造　東近江市小脇町1410
TEL.0748-22-0332　FAX.0748-23-5689

時は『一番安い普通酒を出しておけ』という雰囲気でした。でも松瀬酒造の松瀬忠幸さんが『そういう時こそ、ふだん飲まない人も飲んでくれる。だから自分の蔵が最も力を入れている酒を出すべきだ』と教えてくれたのです。だから、あのイベントには立ち上げたばかりの『大治郎』の純米吟醸無濾過生原酒を出しました」

　あの出会いは偶然ではなく、必然だったのだ。先輩の松瀬さんの言葉と、それを守った畑さん。この二人の心意気が「大治郎」にこもり、筆者の琴線《きんせん》に触れた。この酒から日本酒にハマったという人に多く出会うことには、こんな理由があったのだと腑に落ちた。

　畑さんは、中澤酒造の中沢一洋さんに修業の場を提供するなど後輩に頼られるアニキ的存在。酒に造り手の人柄が映し出されている。

酒造用語の豆知識

酒造年度

　現在の日本酒の酒造年度は7月1日から翌年6月30日までの1年間である。

　ラベルなどにある「BY28」という表示は、Brewing Yearの頭文字と平成年の組み合わせで、醸造年度を示している。

　1964酒造年度までは、10月1日から翌年9月30日までが酒造年度だったので、10月1日は日本酒の元日という意味もあり「日本酒の日」とされている。

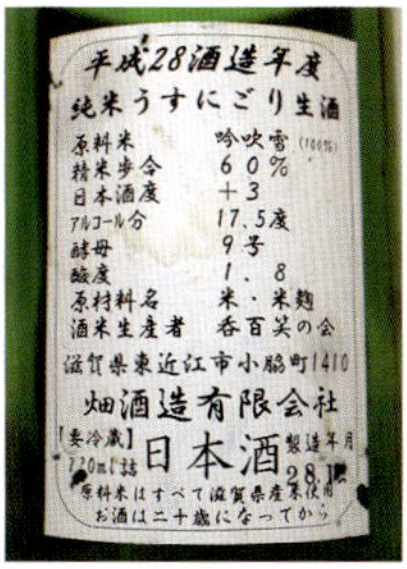

杉玉と歴史を感じさせるホーロー看板は酒造りを見守っているかのようだ

東近江

喜多酒造《きたしゅぞう》

「喜び楽しく飲みつつ長生き」の酒 蔵元と杜氏の熱いコンビネーションで

東近江市を貫く八風《はっぷう》街道沿いにある喜多《きた》酒造。創業は江戸時代後期だ。銘柄「喜楽長《きらくちょう》」の名に「喜び楽しく飲みつつ長生き」の酒との願いを込めて造りつづけている。

滋賀県内では現在、蔵元自らが杜氏《とじ》も務める蔵が多い。しかし、喜多酒造では「うちは杜氏と蔵元とが協力して酒造りを行います。蔵元は酒造りのための環境を整え、杜氏は醸《かも》すための環境を整えるのです」と、杜氏との関係を大切にしている。

それはこの蔵の歴史から来るものかもしれない。杜氏の故・天保《てんぽ》正一《しょういち》さんは、前蔵元から現蔵元の喜多良道《よしみち》さんの代まで五十数年、蔵を支え、時に喜多さんの父親のような存在としてともに歩んだ。能登《のと》杜氏組合長を務めるなど、業界での天保さんの存在は大きく、穏やかな人柄は「和をもって醸す」日本酒を体現していた。天保さんの引退後、家修《いえおさむ》さんを杜氏に迎えた時、喜多さんと家さんは徹底的に議論を尽くして酒造りを始めたという。杜氏との信頼関係を重んずる喜多さんらしいエピソードだ。

現杜氏の四家裕《しやけゆたか》さんは、バトミントン選手として全国大会で優勝し、中学生への指導経験も持つ。「酒造りは人づくり。酒造りもスポーツも一人では絶対できません。

タンクの醪に櫂を入れ、よくかき混ぜる

まだ熱い蒸米を麹室に取り込み、ていねいに厚みを均等にしていく

蔵元の長女、喜多麻優子さん

杜氏の四家裕さん

人に言われなくても動けるようになることが大事で、その基本さえ押さえれば、あとは人生の伸びしろがありますから」

　四家さんのもとで2015年から蔵仕事を始めたのが、喜多さんの長女・麻《ま》優《ゆ》子《こ》さんだ。県外の企業に就職していたが、父の跡を継ごうと里帰りした。

「やっと蔵に入れてうれしいですね。でも慣れないから床を拭くだけでも手間取ってしまって……」

まずは追回《おいまわ》し、つまり何でもする係として終始洗い仕事だ。

　ただ、四家さんは、蔵で働く蔵人全員が何でも担当できるよう、あえて配置を決めていない。

「洗いながらでも、周囲が何をしているか見て盗む。機械の音でもよく聞いていれば、故障の前に異常に気づく。五感をすべて働かせておくことが大事なんです」

喜多酒造は新旧両方の八風街道に面する。旧道から見ると赤レンガに見越しの松。趣のある蔵が見られる

地域とともにある酒を

「喜楽長」の仕込み水は愛知《えち》川の伏流水《ふくりゅうすい》。水源の鈴鹿《すずか》山系は石灰岩が多いため、実際に飲んでみると、他の仕込み水よりミネラル分を感じる。これが酒造りには適しているとされる。米は県内産を中心とした酒米を使用し、少量多品種を醸す。

　地域とのつながりから生まれたプライベートブランドへの取り組みも積極的に行っている。

　滋賀県立大学（彦根市）の学生がプロデュースし、酒米・日本晴で仕込む「湖風《こふう》」（↓123頁）や、琵琶湖の内湖《ないこ》の飛び地（近江八幡市）で育んだ滋賀渡船《わたりぶね》6号で醸す「権座《ごんざ》」。

　そして「魚のゆりかご水田」産のコシヒカリを使った「月夜のゆりかご」。昭和40年代までの琵琶湖周辺は湿地帯が多く、田んぼはクリークで湖とつながっていた。産卵期になると群れを成して遡上し田んぼで産卵していく。孵化《ふか》した稚魚はある程度成長するまで田んぼで育って湖に帰って行く。そんなことが可能だったのだ。野洲《やす》市須原地域の人々は魚道を設置し田んぼと湖のつながりを復活させ

「魚のゆりかご水田」の稲刈り風景。田植えや魚道設置、魚つかみも親子での参加が多い

これがうちの酒！

「喜楽長《きらくちょう》」
辛口

蔵元の喜多良道さん

蔵元から一言

「旨い辛口酒」が飲みたい、そんな気持ちから醸しました。米本来の旨味を残した辛口純米吟醸です。飲み始めの絶妙なまろやかさとコク、そして余韻の辛さが特徴。ぬる燗にすると柔らかさがより引き立つ、料理を引き立てる名脇役の辛口酒です。

DATA

- **杜氏**：四家裕（能登杜氏）　**酒米**：山田錦
- **精米歩合**：55％　**酵母**：きょうかい14号
- **値段（税別）**：720㎖ 1,450円、1,800㎖ 2,900円
- **オススメの飲み方**：冷や、またはぬる燗で
- **オススメの肴**：ふなずし、イカの刺身　**蔵見学**：不可

喜多酒造　東近江市池田町1129
TEL.0748-22-2505　FAX.0748-24-0505

た。その象徴として造られたのが「月夜のゆりかご」である。

この酒を飲めば、滋賀県ならでは、琵琶湖ならではの農業を応援できる。ただ、酒造好適米しか使ったことのなかった杜氏にとって、それは初めてのチャレンジであり、蔵にとっても出来上がりは賭けといえる。しかし蔵元と杜氏が知恵を絞り腕をふるって見事な酒に仕上げてきたのだ。

喜多社長はこう言う。

「『喜楽長』らしさとは、やさしさ。すっと飲めて旨味がある。私は20年前に聞いた女性のお客様の言葉が忘れられません。『天保正一を飲むと心が優しくなるんですよ』

酒造用語の豆知識

無濾過生原酒

「無濾過《ろか》生原酒」という表示には三つの意味が含まれる。

搾《しぼ》った後、活性炭を入れてから濾過することを炭素濾過といい、表示の一つ目「無濾過」とは炭素濾過をしていないという意味。炭素濾過を行うと酒の色や味、香りを除去できる。

次の「生」とは、火入れ（加熱処理）を一度もしていないという意味。一般的な清酒は貯蔵前とビン詰め時の2回火入れを行っている。

最後の「原酒」とは、搾った後、加水していないという意味。原酒のアルコール分は18〜21％程度あるので、市販される酒の多くは加水して15％前後に調整されている。

酒蔵の目印、煙突が健在

近江酒造《おうみしゅぞう》

地域の歴史と文化を大切にしつつ猫ファンを意識した新機軸登場

１９１７年（大正６年）、旧八日市町《ようかいちちょう》（現東近江市）周辺の関連企業が出資して創立した近江酒造。出資者には焼酎用の樽職人も入っていたといい、焼酎の蒸留塔が今も広告塔のようにそびえ立つ。

日本酒は「志賀盛」「志賀櫻」、純米「近江路」、大吟醸「錦藍《きんらん》」が主力ラインナップだ。２０１６年には「近江龍門《りゅうもん》」が酒文化研究所主催の「全国燗酒コンテスト」で最高金賞を連続受賞。この酒は実在する地元永源寺山奥の滝から名付けられた。45℃前後の燗で味が乗る。寒い時期には、ぜひ燗で飲んでほしい。

２０１５年に社長に就任した今《いま》宿《じゅく》 喜貴《よしたか》さんがめざすのは、酒を通して楽しむことのできる豊かな文化を提供することだ。

そこでリリースしたのが猫にちなんだデザインを取り入れた「近江ねこ正宗」。純米吟醸の白猫と金運ねこ、純米のハチワレ（顔の柄が「八」の形）の３種類がそろう。かわいいラベルに猫のイラスト入りで贈り物にしてもよし。猫の気分でサンマの干物と合わせても旨く感じるかも？

飲食店専用の「十八《とっぱち》」は近江牛の焼肉に合う日本酒だ。焼肉の圧倒的な旨味やタレに負けない味わいは、10年古酒を一定の割合でブレンドすることで生まれている。

通りに面した事務所奥には焼酎を造るための蒸留塔が立つ

「近江ねこ正宗」シリーズ
「HACIWARE（ハチワレ）」

びわこ JAZZ フェスティバルでは演奏の会場ともなるので、同時に蔵見学が可能

イベント

4月中旬

●びわこJAZZフェスティバル

八日市駅周辺の一会場として蔵を開放。ライブ演奏、試飲即売飲食バザーなど

これがうちの酒！

「近江《おうみ》龍門《りゅうもん》」
特別純米酒

蔵元の今宿喜貴さん（左）と杜氏の鎌田福三さん

蔵元から一言

当初はすっきりした純米酒をめざし、冷やを勧めていましたが、燗酒にすると味わいが引き立つことが分かりました。当蔵の酒はどれも熟成感のある柔らかい円熟した味わいです。

DATA

- **杜氏**：鎌田福三（南部杜氏）　**酒米**：日本晴
- **精米歩合**：60%　**酵母**：きょうかい701号
- **値段（税別）**：720㎖ 1,180円、1,800㎖ 2,180円
- **オススメの飲み方**：湯燗で熱燗（45℃前後）、冷や（10℃前後）でも
- **オススメの肴**：とんかつ、ビフテキ、酢豚、大根と豚肉の炊き合わせ、紅鱒のクールヴィヨン煮、帆立貝の海藻蒸など（酒は冷やで）
- **蔵見学**：可（卸小売、業務店を優先。一般のツアーも応相談）
- **小売**：あり

近江酒造　東近江市八日市上之町9-16
TEL.0748-22-0001　FAX0748-23-1000

中山道沿いにある中澤酒造。新銘柄「一博」の名は、お世話になった二人の杜氏の名前を１文字ずついただいたもの

東近江

中澤酒造《なかざわしゅぞう》

畑酒造で修業し 15年目に自社蔵醸造を復活

中澤酒造では自社蔵での醸造が一時期、途絶えていたが、2015年に現蔵元の中沢一洋《かずひろ》さんが復活させた。学生時代に酒造りを志し、大学卒業後、祖父が蔵元を務める自社蔵に入った。ところがその2年後、祖父は酒造業を休止してしまう。途方に暮れる中沢さんに「うちを手伝ってくれるか?」と声を掛けたのが畑酒造の畑大治郎さんだった。蔵人として3年間働きながら杜氏《とじ》に酒造りを学び、畑酒造の設備を借りて新銘柄「一博《かずひろ》」を仕込んできた。そして15年目でついに自社蔵での再スタートを実現させたのだ。

「畑さんは恩人です。あの時声を掛けてもらわなかったら今の中澤酒造はない」と中沢さんは言う。

「一博」は畑酒造の弱軟水の仕込み水を用い、果実感のある香りと優しい甘さが、幅広い層に支持されてきた。中沢さんの笑顔のように甘いが、後口がキリッと切れるため、つい杯を重ねてしまう。

中澤酒造の弱硬水で仕込んだ「秀一《しゅういち》」は、アニメ「機動戦士ガンダム」の声優・池田秀一さんをイメージした酒だ。すっきりした辛口でファンの心をつかんだ。

中澤酒造の酒からは「いつか自社蔵で『一博』を」という夢を15年かけてかなえた自信と、蔵元杜氏としての覚悟が伝わってくる。

心を込めて甑の酒米をならす

造りやすいよう配置
し直されたタンク

これがうちの酒！

「一博《かずひろ》」
純米うすにごり生酒

蔵元の中沢一洋さん

蔵元から一言

地元の契約農家「呑百笑《どんびゃくしょう》の会」が生産する酒造好適米「吟吹雪」を使用し、小仕込みでていねいな酒造りを心掛けています。やや甘口で酸のしっかり効いた、飲み飽きしないお酒です。

DATA

●杜氏：中沢一洋（蔵元、能登流）　●酒米：吟吹雪（滋賀県産）

●精米歩合：60％　●酵母：きょうかい14号

●値段（税別）：720㎖　1,200円、1,800㎖　2,400円

●オススメの飲み方：楽しく！

●オススメの肴：ご自身の好物

●蔵見学：不可　●小売：あり

中澤酒造　東近江市五個荘小幡町570
TEL.0748-48-2054　FAX.0748-48-5778

日野商人の故郷にある矢尾酒造

東近江

矢尾酒造《やおしゅぞう》

心をこめて、関わる人すべての笑顔が見える酒をめざす

蒲生《がもう》郡日野町にある矢尾酒造は創業約200年。日野は近江商人の故郷の一つで、日野商人の多くは北関東や東北で活躍した。

6代目蔵元の矢尾孝司《たかし》さんは「うちの自慢は庭くらい」と謙遜するが、そんな冷めた言葉とは裏腹に、設備投資を行い、自らも酒造りに関わる情熱的な人だ。

数年前、現蔵元である息子の晋也さんが加わり、孝司さんは代替わりの準備を始めた。古くて雨漏りがひどかった蔵の外壁や屋根を修理・耐震補強し、蔵人の生活空間など、蔵のリフォームなどにも力を入れた。もちろん酒質の向上にも余念がない。

晋也さんは、県内の松瀬酒造や畑酒造、中澤酒造で短期間ながら蔵人として修業してきた。2016年、31歳の時、広島にある独立行政法人酒類総合研究所での研修を修了した。その年から蔵元杜氏《とじ》として、父や家族、友人、シルバー人材センターの人たちに手伝ってもらいながら酒造りにいどむ。

昔から自称「問題児」だったという晋也さんはこう決意を語る。「時代の先を見据え、日本酒業界を先導していくドンになる。今はどんなにつらかろうと、必ず周りの人間を巻き込み笑顔へ導く会社へと成長させてみせます」

未来のリーダーに期待したい。

仕込みタンクは上から操作しやすく配置されている

イベント

春～秋（不定期）

●ミュージック＆酒蔵フェス

蔵内部を改装したスペースでのライブ、カフェ、和菓子、地元食材の料理など。そのほか、セミナーや手づくり市場、ライブなども企画中

改修された蔵の外観

全盛期は3000石を造っていた蔵

これがうちの酒！

「鈴正宗《すずまさむね》」

純米大吟醸
Nine《ナイン》 生原酒

7代目蔵元の矢尾晋也さん

蔵元から一言

カジュアルに日本酒のイメージを変えていくことを心がけています。

DATA

●杜氏：矢尾孝司、矢尾晋也（蔵元父子）　**●酒米：**山田錦

●精米歩合：50%　**●酵母：**きょうかい901号

●値段（税別）：720㎖ 1,750円、1,800㎖ 3,500円

●オススメの飲み方：冷や

●オススメの肴：刺身など

●蔵見学：可（要予約）　**●小売：**あり

矢尾酒造　蒲生郡日野町中在寺512
TEL.0748-53-0015　FAX.0748-53-2218

神郷集落の中にある増本酒造場

東近江

増本藤兵衛酒造場《ますもととうべえしゅぞうじょう》

大切な人と分かち合いたい
桜の花のように美しい酒

東近江市神郷《じんごう》町にある増本藤兵衛酒造場の「薄桜《うすさくら》」は初代・増本藤兵衛の和歌にちなむ。めざす味わいは一貫して桜の花の美しさだ。

2007年、先代杜氏《とじ》(能登《のと》流)坂頭《さかがしら》宝一《ほういち》さんのもと、「薄桜　純米吟醸原酒」が第1回みんなで選ぶ滋賀の地酒会で滋賀県知事賞に輝いた。新たな「近江藤兵衛」もメインの銘柄となっている。味噌用の麹《こうじ》を造っていた増本家で明治初年に酒造りを始めた「藤兵衛」の名は、代々蔵元が襲名《しゅうめい》してきた。受賞した酒にもその名を付けることで初代への感謝を込めたという。

次期蔵元の増本庄治さんは坂頭さんに酒造りを学び、杜氏となった。妻の麻衣子さんはホテルの和食レストランで日本酒を担当するきき酒師だった。息子さんも生まれ、現在は子育てをしながら二人三脚での酒造りだ。

増本酒造場の酒の原料米は全て県内産。中でも「吟吹雪《ぎんふぶき》」は地元神郷の農家に作ってもらう。

庄治さんは、坂頭さんが「酒造りとは酵母を手伝うことなのだ」と、醪《もろみ》に声を掛けながら温度を管理する姿を見てきた。自分らしい酒は「やわらかく品のよい酒にアレンジを加えた味」だという。杜氏となって2017年で5年目。子育てのように試行錯誤しながら愛情を込めて酒を育てている。

蔵を裏手の畑から見る

仕込み蔵の裏手に干してあるのは蒸し米を運ぶ布。未来の蔵元は酒造道具の間が遊び場なのだ

先代杜氏の坂頭宝一さんの頃に書かれたという「薄桜酒醸庫」の文字

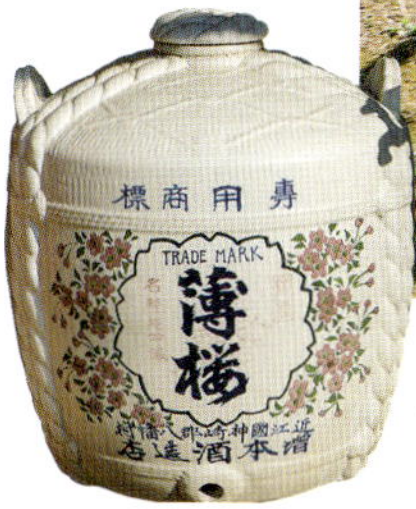

桜が満開。古き良き時代のデザイン

これがうちの酒！

「近江藤兵衛《おうみとうべえ》」

純米　無濾過生原酒

次期蔵元の増本庄治さんと妻の麻衣子さん、息子の圭亮くん

蔵元から一言

仕込み水は良質な鈴鹿山系の伏流水で、最近は純米系に力を入れています。特に純米酒は地元で収穫された「吟吹雪」で醸造。同じ水系の水と米なので相性も大変よく、濃淳な味わいながらあと口がサラッと消えるのは、米本来の旨味と良質な水との相性ならではです。

DATA

- **杜氏**：増本庄治（能登杜氏）
- **酒米**：吟吹雪（地元農家・神郷町営農組合産）
- **精米歩合**：60%　　**酵母**：AK12（きょうかい9号系）
- **値段（税別）**：720㎖ 1,350円、1,800㎖ 2,600円
- **オススメの飲み方**：冷や、またはロック
- **オススメの肴**：鰹のたたき、ローストビーフなど
- **蔵見学**：可（要予約、4～10月、少人数のみ）　**小売**：あり（集落内の増本酒店）

増本藤兵衛酒造場　東近江市神郷町1019
TEL.0748-42-0129　FAX.0748-42-6077

西勝酒造《にしかつしゅぞう》

蔵元直営レストランとホール サケデリックスペース酒游館

酒游館の外観。この奥がホール、左手がレストランになっている

近江八幡市のメイン観光スポットである日牟禮《ひむれ》八幡宮や八幡堀から歩いて5分、おしゃれな酒蔵風の建物に到着する。

ここは1992年にオープンしたサケデリックスペース酒游館《しゅゆうかん》。2017年で創業300年を迎えた西勝酒造が直営する、その名のとおり酒を多方面から楽しめる場所である。

渋い雰囲気のレストランでは、近江牛や赤こんにゃく、鮎《あゆ》の飴炊《あめだ》きなど滋賀県の郷土料理や、西勝酒造の酒「湖東富貴《ことぶき》」が楽しめる。テーブルは仕込桶《しこみおけ》の底板、イスの上の座布団カバーは貴重な酒袋、壁の背もたれにも桶材を使用。県外から観光に訪れる方々には特にお勧めしたい。

また、日本酒の貯蔵庫だった蔵を改造したホールは、ギャラリーやライブに使える貸し館となっている。音響もよいので、10代目蔵元の西村一三《いちぞう》さんの長男・明さんが主催するライブも長年開催されている。ドリンク付で地酒お代り自由という酒好きにはたまらないイベントだ。

明さんは関西の音楽シーンでは有名で、その人脈から酒游館で演奏するアーティストは、大御所から若手までと幅広い。音楽好きの方は、ホームページのライブ情報をこまめにチェックしてほしい。

落ち着いた雰囲気のレストラン内部

ホールには昔の酒造道具や酒造りの絵などが展示してある

情報プラス

●近江八幡まちや倶楽部

向かいには西勝酒造の旧酒造蔵と母屋を改装したゲストハウスとコワーキングスペース、近江八幡まちや倶楽部（経営は別団体）がある。何もかもが懐かしい昭和のテイストで、樽風呂などもある。

これがうちの味！

「ことぶき弁当」

「きき酒セット」

蔵元夫人の
西村恵美子さん

蔵元から一言

最近は女性のお客様も多く、きき酒セットなどを楽しんでいただいています。

DATA

●**営業時間**：酒游舘 10：30～17：00　西勝酒造 9：00～17：30

●**定休日**：火曜日（年末年始、夏季休業については要問い合わせ）

●**メニュー**：きき酒セット（酒3種と酒の友）1,500円
ことぶき弁当 1,580円

●**小売**：あり

サケデリックスペース酒游舘　近江八幡市仲屋町中21
TEL.0748-32-2054　FAX.0748-32-6336

瀬古酒造《せこしゅぞう》

蔵元と社員で醸す酒
甲賀忍者でアジア進出

蔵元の上野敏幸さんの暮らす屋敷から蔵方向を望む

瀬古酒造の創業は1869年(明治2年)。忍者の里・甲賀《こうか》市のJR草津線油日《あぶらひ》駅のそばにある。南隣は三重県の柘植《つげ》駅だ。

蔵元の上野敏幸さんは90年代後半、先代の長女・篤子《あつこ》さんと結婚し、無縁だった酒造業界に入った。理論は先代から、造りは杜氏《とじ》(能登《のと》流)に教わり、他のノウハウは独自に学んだ。当時の酒造シーズンは9月から5月だったが、杜氏が兼業農家だったため不在のまま仕込みはじめ、いつからか蔵元と社員だけで仕込むようになった。

「先代は学者肌の人で、机上の計算で『こうなるはず』と蔵には入りませんでしたが、それだとみんな動いてくれませんからね」と、上野さんは現在も自ら仕込み作業を行う。

昭和の時代から生協ブランドの純米酒「虹の宴《うたげ》」を造っているため、紙パック酒の製造ラインがあり、団体の見学客を受け入れていた当時の大きな説明版が残る。

メイン銘柄は「大甲賀」だが、最も力を入れているのは「忍者」ブランドの3アイテム。地酒らしいガツンとした味わいの純米酒で、食事とともに飲む食中酒だ。香港で人気があり、忍者装束で出張販売したこともあるそう。酒とコスチュームの両輪で滋賀の忍者を国内外の人気者にしてほしい。

仕込み蔵の２階

２階の蓋を開くと1階のタンクを真上からのぞける。櫂を入れる作業も安全に行える構造

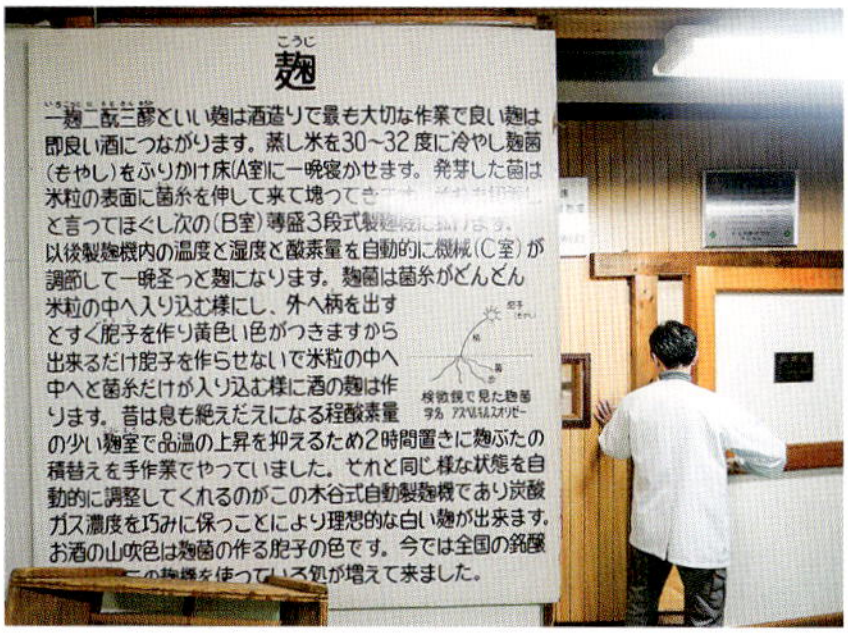

生協会員の見学会向けの説明看板が残る

搾りたての酒

油日神社の大鳥居が近い

これがうちの酒!

忍者《にんじゃ》

「忍者」

純米吟醸　無濾過生原酒

蔵元の上野敏幸さん

蔵元から一言

できるだけ地元産の米にこだわり、酒米もここ数年は地元農家と共同で栽培し、「忍者」ブランドはほぼ全量地元甲賀の米でまかなっています。2019年は創業150年。美しい酒を醸すよう日々努力しています。

DATA

●**杜氏**：上野敏幸(蔵元)　●**酒米**：吟吹雪(甲賀産)

●**精米歩合**：60%　●**酵母**：きょうかい901号

●**値段(税別)**：720㎖　1,388円、1,800㎖　2,777円

●**オススメの飲み方**：冷やして、または常温

●**オススメの肴**：マグロのトロ、脂ののった鯖、天ぷらなど。イタリアンやフレンチ、チーズなども

●**蔵見学**：可(要予約。20名まで。酒造期はお断りすることも)

瀬古酒造　甲賀市甲賀町上野1807
TEL.0748-88-2102　FAX.0748-88-4130

裏手から見た蔵。奥に見える丘には山岡城跡がある

望月酒造《もちづきしゅぞう》

甲賀忍者の隠れ里で 蔵元と息子杜氏が醸す親子酒

甲賀

寛政年間（1800年頃）には酒を販売していたという記録が残る望月酒造は、JR草津線油日《あぶらひ》駅から徒歩15分の甲賀《こうか》市甲賀町毛《も》枚《びら》にある。車窓《しゃそう》から見えないのは、丘陵に囲まれた隠れ里のような集落だからだ。中世の山岡城跡もあり、すぐ隣の三重県へは丘を切り割った道がつけられている。

2月22日（ニンニンニン）は「忍者の日」として、忍者の里・甲賀市は全国へ発信中だ。望月家は甲賀忍者と呼ばれる甲賀五十三家の筆頭格であり、公開されている「甲賀流忍術屋敷」（甲賀望月氏本家旧邸）もある。

望月酒造では「泡面《あわづら》を見れば酒が分かる」という大ベテランが50年間杜氏《とじ》を務めていた。昔流儀で数値的な記録を取らなかったため、引き継ぎができず苦労したそうだ。現在は蔵元・望月長裕さんの長男・大輝《ひろき》さんが杜氏を務めている。

「いつかは全国で売れるような自分の酒を造りたい。でも今は目の前のお酒をおいしく造ることだけに集中しています」

酒造りが始まるまで他の蔵で蔵人として働いているだけあって、仕事姿はきびきびと凛々《りり》しい。

父と子が気持ちを一つにして造る親子酒「寿々兜《すずかぶと》」を親子で飲めば、いつもより話がはずむかもしれない。

丘に囲まれている毛枚の集落は、草津線からも国道からも見えない隠れ里

鴨居の上に火縄銃がさりげなく飾られている

仕込み蔵の中

これがうちの酒！

「寿《す》々《ず》兜《かぶと》」
熟成三年古酒

蔵元の望月長裕さんと杜氏の大輝さん父子

蔵元から一言

飲み飽きしない、やさしい口当たりの味のあるお酒」をめざして、志は高く、足下を見て一歩ずつ進んでいきたいと思っています。日本酒百花繚乱の時代、手元にいつでも置いていただける「座右の銘酒」になりますように。

DATA

- **杜氏**：望月大輝（能登流、次期蔵元）　**酒米**：日本晴（滋賀県産）
- **精米歩合**：70%　**酵母**：きょうかい9号
- **値段（税別）**：720㎖ 1,800円、1,800㎖ 3,400円
- **オススメの飲み方**：冷やしても、常温でも。お燗はお勧めできません
- **オススメの肴**：焼肉、焼き鳥など味の濃い料理。まずはお酒を飲んでから
- **蔵見学**：不可　**小売**：あり

望月酒造　甲賀市甲賀町毛枚1158
TEL.0748-88-2020　FAX.0748-88-6090

とても居心地のよい田中酒造の酒販店「和醸良酒」。定休日は水曜日。ソフトクリームも好評だそう

甲賀

田中酒造《たなかしゅぞう》

夫婦が二人三脚で送り出す 試飲やスイーツも楽しめる蔵

1911年（明治44年）創業の田中酒造は東海道沿いにある。JR草津線甲賀《こうか》駅から歩いて6分ほどなので歩いて立ち寄りたい。というのも、2012年にオープンした「和醸良酒《わじょうりょうしゅ》」という直営の酒販店で、「春の峰」「楓葉《かえで》」など自社の日本酒はもちろん、おつまみやオリジナルスイーツまで販売していて、試飲もできるからだ。

建物は新しいのに懐かしさを感じる。釘を使わない伝統的な技法で建てられており、細部を見ると楔《くさび》などにその技を見ることができる。蔵元である田中重哉《しげや》さんの友人の大工の師匠が手掛けたもので、穏やかな笑顔の田中さんの秘められた情熱が表れているようだ。

仕込みは杜氏《とじ》も務める田中さんがほぼ一人で行うが、最盛期には一家総出で手伝う。その量は年間に7000ℓのタンク4本分のみ。酒米は地元甲賀市甲賀町での契約栽培による櫟野《いちいの》産「玉栄《たまさかえ》」で「鹿深《かふか》源流米」と呼ばれている。仕込み水は鈴鹿山系の伏流水《ふくりゅうすい》だ。

味わい深いラベルの文字は妻の智子さんの筆による。

「妻の視点を活かして、女性も楽しめるお店にしていきたい。造るお酒の量も増やしたいですね」

田中酒造の酒は、同じ高校の一学年違いで出会った夫婦が今も仲良く送り出している。

「さけかすまかろん」は酒粕が主役の驚きのおいしさ。黒い色は竹炭によるもので、甲賀忍者のイメージ。ほかに「甲賀流白玉爆弾ポルポローネ」もあり、お酒とともに田中酒造のネットショップで通販されている

こちらは東海道をはさんでたたずむ仕込み蔵

「春の峰」とともに酒が並ぶ店内

釘を使わないで造られた蔵。柱をつなぐ部分に楔が使われているのが分かる

ショップの横にくつろげる座敷もある

イベント

3月最終土日

●蔵開き

蔵内部や周辺でしぼりたて新酒の試飲など

これがうちの酒！

「楓葉《かえで》」

特別純米　無濾過生原酒

蔵元の田中重哉さんと妻の智子さん

蔵元から一言

新酒の純米搾りたてを無濾過で火入れせず、ひと夏熟成させました。酸味の効いた白ワインを思わせる純米酒です。

DATA

●**杜氏**：田中重哉（蔵元、能登流）　●**酒米**：玉栄（甲賀産）

●**精米歩合**：60%　●**酵母**：きょうかい9号

●**値段（税別）**：720㎖　1,231円、1,800㎖　2,760円

●**オススメの飲み方**：冷やして　●**オススメの肴**：チーズなど

●**蔵見学**：可（要予約）　●**小売**：あり

田中酒造　甲賀市甲賀町大原市場474
TEL.0748-88-2023　FAX.0748-88-2261

甲賀

安井酒造場

やすいしゅぞうじょう

全量木槽搾りで蔵元夫婦が仕上げる桜酒

蔵の裏手からの風景。赤いレンガの煙突が目印となっている。
すぐそばに茶畑が広がっている

京から江戸へ東海道を歩くと近江最後の宿場となるのが土山宿《つちやましゅく》だ。宿場町・甲賀《こうか》市土山町はお茶の名産地としても知られる。

土山町徳原にある安井酒造場の創業は1884年（明治17年）。1997年から5代目蔵元の安井利晴さんが自ら杜氏《とじ》を務め、「笑顔がこぼれるうまい酒」をモットーにメイン銘柄「初桜《はつさくら》」などを造っている。手間と労力のかかる佐瀬式の搾《しぼ》り機でゆっくりと圧力をかけ、おいしいところだけを搾る。

いっしょに酒を造るのは、お茶農家の吉田甚栄《じんえい》さんら4人。夏はお茶栽培、冬は交代で蔵人となる。蔵人が参加するまでは妻の恵さんがコンビを組む。朝早く酒米を蒸し、小分けにして広げ、冷ます作業はスピード勝負。汗をかきながら二人で協力して進めていく。ラベルの文字や「しぼりたて」のチラシなどは、書道教室の先生でもある恵さんの手によるものだ。

桜の花びらなど季節限定のシールは安井さんのアイデアで、実際に貼るのは恵さんの仕事。まさに夫婦で仕上げる「初桜」なのだ。

長男の太郎さんは2013年から県外の蔵で修業中と、次世代もたくましく育っている。2016年には麹室《こうじむろ》をリフォームし、安井さんの気合いも十分。「初桜」はこれからもさらに笑顔で飲めそうだ。

佐瀬式搾り機の垂れ口から新酒を汲む

酒袋に醪を詰め、一袋ずつていねいに積み重ねていく

季節限定の「初桜」桜バージョン。蔵元の妻・恵さんの筆によるオリジナルラベルも頼める

仕込み水は蔵の中の井戸から。酒造シーズン前には毎年井戸替え（井戸掃除）を行い、「初桜」ファンも作業を手伝っている

イベント

9月上旬〜中旬 ●**井戸替え（井戸掃除）**

井戸底の石を磨くなどの掃除後に酒と料理で直会（ブログなどで募集）

これがうちの酒！

「初桜《はつさくら》」

特別純米　玉栄　生原酒

蔵元の安井利晴さんと妻の恵さん(写真提供：あなぐま亭・泉谷洋平)

蔵元から一言

滋賀県の酒造好適米「玉栄」を100％使用しており、さわやかな甘味の中にしっかりとした酸味があり、食中酒にもってこいです。春にはビン一面に桜の花びらを散らした限定ラベルが登場。笑顔がこぼれるうまい酒の「燗番」商品になりました。

DATA

●**杜氏**：安井利晴（蔵元、能登杜氏）　●**酒米**：玉栄（滋賀県産）

●**精米歩合**：60％　●**酵母**：きょうかい9号

●**値段（税別）**：720mℓ 1,352円、1,800mℓ 2,667円

●**オススメの飲み方**：冷や

●**オススメの肴**：鶏のトマト煮込み、チーズ料理など

●**蔵見学**：要予約（少人数のみ）　●**小売**：あり

安井酒造場　甲賀市土山町徳原225
TEL.0748-67-0027　FAX.0748-70-3345

笑四季酒造《えみしきしゅぞう》

ゼロから創りあげた新ブランドで全国・海外へ展開

東海道に面した蔵。小売もしているが土日祝日は休みで、一部商品に限っての販売なので事前に問い合わせが必要

東海道水口宿《みなくちしゅく》に位置する笑四季酒造の創業は1892年（明治25年）。1993年から全国新酒鑑評会金賞を9回受賞している。

2008年、現在蔵元の竹島充《あつ》修《のり》さんが東京農業大学の後輩である加奈子さんと結婚し、入婿《いりむこ》として蔵に入った。その2年後、それまでの「笑四季」とは全く異なるタイプの酒を次々とリリースする。「モンスーン」や「メゾン・ド・カナコ」など、銘柄名は外国語でラベルのデザインも従来の日本酒のイメージを覆すイラストだ。前者は三段仕込みの最後に水の代わりに日本酒を加える「貴醸酒《きじょうしゅ》」で、それまでの貴醸酒の製法に疑問を

洗米の風景。やはり手作業だ

個性的なラベルやワイン型のボトルなど、外見からも主張してくる

持った竹島さんが「日本酒で造るアイスワイン」をめざして研究を重ね、品質を飛躍的に向上させた。新酒でフレッシュなのに熟成感もあり、とろりとした甘口。「これが日本酒？」と鮮烈な印象を残す。

最初の数年間は試行錯誤で銘柄が目まぐるしく入れ替わったが、現在は貴醸酒の「モンスーン」、レギュラー酒としての「センセーション」白・黒・赤、大吟醸の「マスターピース」、輸出用でもある大吟醸「ワールドピース」などがメインとなっている。どこにもない酒をゼロからプロデュースし、数年でコアなファンをつかんだ。全国誌でも紹介され、中国や韓国など、海外でも好評だ。

逆境からの出発

この10年ほど、竹島さんは醸造責任者兼経営執行者（杜氏《とじ》兼CEO）として思う存分腕を振るい、蔵は順風満帆《じゅんぷうまんぱん》のように見える。

「そんなことありません。酒造りにロマンなんてありませんよ。事業が不振になった時代を反面教師にしています。とにかく食ってい

麹蓋代わりのパン用の箱。蔵元の竹島充修さんの計算のもと、麹造りに活かされている

竹島さん自ら醪の袋を重ねていく。全量ステンレス製の佐瀬式搾り機を使用している

くために必死でやるしかなかった。2015年あたりから、やっとやりたいことをやれている感じですよ」

にわかには信じられないが、日本の酒蔵の多くが似たような状況だという。家業を継ぐ際、借金も共に引き受けなければならない。それを必死にくぐり抜けて生き残ってきた若手は、それだけの覚悟を持っているのだと。

竹島さんは秋田県の新政《あらまさ》酒造の若手蔵元・佐藤祐輔《ゆうすけ》さんと懇意で、貴醸酒の研究でよく交流していたという。蔵の経営が苦しいという似た境遇だったこともその関係に影響しているのかもしれない。

資金不足は計算で乗り切れ

新潟県出身の竹島さんは笑四季に入るまで、「越《こし》の誉《ほまれ》」で知られる地元の大手メーカー原酒造で働いていた。それまで機械で行っていた酒造りは、ほとんどが手作業に一変。一から酒を造るのは難しかったというが、職人肌なのか研究者肌なのか、さまざまな酵母などあらゆる可能性を試し、時には失敗もしながら、現在のラインナップを築き上げた。

「資金が潤沢にあれば、レベルの高い酒を造るための設備投資ができますが、ない場合は工夫するしかありません」

と、その手作りの道具を見せてもらった。麹室《こうじむろ》の殺菌は家庭用空気清浄器で行い、麹蓋《ぶた》の代わりにパン用のプラスチックの箱（番《ばん》重《じゅう》）を使っている。これで温度管理を完璧にすれば、夜9時に「仕舞仕事」をすると翌朝まで番重を組み替えたり、空調の調節をしなくても済むそうだ。吟醸麹を麹蓋で作る場合、ほぼ徹夜で3時間お

これがうちの酒！

「笑四季《えみしき》」
Sensation　黒ラベル

蔵元の竹島充修さん

蔵元から一言

全量滋賀県産の米を使用し、全量純米酒。なおかつ、すべて生酛《きもと》系酒母を採用しています。作業工程も昔ながらのシンプルな設計で、搾りも佐瀬式と原始的。人の感覚を大切に、農業とものづくりのあるべき方向性を模索しています。黒ラベルは手に取りやすく気軽に味わえるエントリーモデルです。

DATA

- **杜氏**：竹島充修（蔵元）　**酒米**：滋賀県産米
- **精米歩合**：50%　**酵母**：自社
- **値段（税別）**　1,800mℓ 2,200円
- **オススメの飲み方**：生酒は冷やして。火入酒は常温〜ぬる燗
- **オススメの肴**：焼き鳥　**蔵見学**：不可　**小売**：あり

笑四季酒造　甲賀市水口町本町1丁目7-8
TEL.0748-62-0007　FAX.0748-62-9545

きに位置を変えるのが常識だから、これには耳を疑った。

「教科書にある数字を元に計算していますから、大丈夫ですよ！」と、余裕の笑顔。しかも、この発想と技術を他の蔵にも隠さず教えるところが、竹島さんの魅力である。県外での講演や滋賀県酒造組合の技術研究会で、その研究成果を公開した。それを聞いてすぐに取り入れ、酒造りに活かしている蔵元も多いそうだ。

「これからやりたいことは？」と尋ねると「大吟醸をていねいに造りたい」と言っていた竹島さんは、その言葉どおり2017年の第11回みんなで選ぶ滋賀の地酒会で、「笑四季　インテンス　センシュアル　竹島事変」により2年連続知事賞を受賞した。

今後さらに想像を超えた酒を期待しても応えてくれそうだ。

酒造用語の豆知識

日本酒の輸出

2013年、ユネスコが「和食 日本人の伝統的な食文化」を無形文化遺産に登録したことをきっかけに、海外で和食が注目され、合わせて日本酒も飲まれるようになってきた。

2016年の輸出額は前年比1割増の約155億円と、7年連続で過去最高になった。約39億円だった2003年の4倍近くにまで成長している。

2016年の輸出先ベスト3は、1位アメリカ（51億円）、2位香港、3位韓国、続いて中国、台湾、シンガポールとなっている（2017年2月財務省「貿易統計」発表資料から）。「SAKE」は今や世界共通語になりつつあると言ってもいいだろう。

美冨久酒造《みふくしゅぞう》

初心者にも飲みやすい「三連星」と米の旨味たっぷり「美冨久」の二枚看板

東海道に面する蔵。歩いて訪ねる旅人も多い

小売の店内。選びやすいようにたくさんの酒の味やタイプをグラフにしたもののある

甲賀《こうか》市《し》水口町《みなくちちょう》の東海道沿いにある美冨久酒造は1917年（大正6年）創業。仕込み蔵の2階を改造したギャラリースペースで蔵の風情を満喫でき、直営の小売店では定期的に量り売りを行っている。蔵祭りと特招会では、蔵内が見学できるほか、酒粕《さけかす》の詰め放題コーナーや甘酒、きき酒、バーカウンター、かき氷など飲食の屋台なども出てにぎわう。地元滋賀はもちろん、県外からも一日に1500人以上が訪れる。これらの取り組みは、藤居範行さんが4代目蔵元になった2014年頃から始まった。美冨久酒造の酒に親しんでもらうためのおもてなしだ。

仕込みタンクの
醪に櫂を入れる

若手が星のように輝く蔵

藤居さんがまだ蔵元候補だった２００９年、社員杜氏と蔵人とともに若手３人が力を合わせて立ち上げた新銘柄が「三連星《さんれんせい》」シリーズである。最初は「白」と呼ばれる純米吟醸だけだったが、フレッシュな口当たりと華やかな香りのインパクトが評判を呼び、大吟醸の「赤」、純米の「黒」と全部で３種類がリリースされた。

藤居さんは言う。

「若い世代に勧められる酒をみんなで設計しました。初めて飲む方が『おいしい』と感じてくださる、そんな日本酒との出会いを演出したい。最初はフレッシュな無濾過《ろか》生原酒などに惹かれても、年齢を重ねた時にメイン銘柄の『美冨久』にたどりついていただければ」

また、「三連星」の名はアニメ「機

蔵の隣には神社があり、昔ながらの東海道の雰囲気を感じさせてくれる

小売店の店頭。ここでしか買えない酒もある

動戦士ガンダム」にも出てくることから、藤居さんは試飲やイベント会場ではそれにちなむコスチュームに身を包む。そんな遊び心もこの蔵の魅力だ。

黄金色に輝く「美冨久」

美冨久酒造の酒の8割が山廃《やまはい》仕込み（→97頁）で造られている。じっくり醸し、床下の貯蔵場で常温熟成させると、美しい黄金色へと変化していく。時間を経過しても劣化せずに味わいに磨きがかかるのは、山廃仕込みによる強い酒質ならではだ。

藤居さんがめざすのは、米の旨味が出ていて、それでいて飲み疲れない酒だという。

「それがどんな造りの酒なのか見極めていきたいから、まだまだ模索中です」

これがうちの酒!

「美冨久《みふく》」
酏吟純聖《いぎんじゅんせい》
山廃純米吟醸

美冨久酒造の若き「三連星」。左から、蔵人の網治《あみじ》弘至《ひろゆき》さん、杜氏の峠利彦さん、蔵元の藤居範行さん

蔵元から一言

伝統技法の山廃仕込みを得意とし、製造の70%以上を醸しています。米の旨味を引き出し、骨太のしっかりとした味わい、燗で際立つ味を求め日々醸造へ邁進しています。

DATA

- **杜氏**:峠　利彦(社員杜氏)　**酒米**:山田錦(滋賀県産)
- **精米歩合**:55%　**酵母**:非公開
- **値段(税別)**:720mℓ　1,600円、1,800mℓ　3,200円
- **オススメの飲み方**:冷酒5℃、ぬる燗40℃
- **オススメの肴**:鯉の刺身(酢味噌)など
- **蔵見学**:可(要予約)　**小売**:あり

美冨久酒造　甲賀市水口町西林口3-2
TEL.0748-62-1113　FAX.0748-62-1173

イベント

3月最終土日
●美冨久蔵まつり
蔵内部や周辺で搾りたて新酒直汲み量り売りなど

●蔵見学
定休日:木曜日
営業時間:10時～18時(要予約)

酒造用語の豆知識

アルコール添加

アルコールを添加する場合、醪《もろみ》に醸造アルコールを加えてから搾《しぼ》る。この醸造アルコールとは、トウモロコシなど由来のでんぷん質物を糖化したものやサトウキビの廃糖蜜などを発酵させ連続蒸留してできた95%のエチルアルコールのこと。

　アルコール添加の目的には、辛口にする、アルコール度数を調整する、吟醸酒香を粕《かす》のほうに残してしまうのを防ぐ、などがある。

　ちなみに戦後の米不足から、少ない米でできた酒に水とアルコールを足して3倍に増やした「三増酒《さんぞうしゅ》」が開発されたが、現在は造られてない。

タンクの醪の様子を見に行く蔵元の藤本信行さん

甲賀

藤本酒造《ふじもとしゅぞう》

神の導きによる名水で 蔵元杜氏が「地酒」を醸す

藤本酒造は、東海道水口宿《みなくちしゅく》から少し外れ、丘を越えたところにある。創業は１７６３年ごろ、神のお告げで井戸を掘ると名水が湧き、酒を「神開《しんかい》」と名付けた。

「この水を仕込みに使うと低温でもめちゃめちゃ発酵します」

蔵元の藤本信行さんは２００８年頃、先代から酒造りを任されるようになった。営業を担当するのは、同世代で同じ甲賀《こうか》市出身の清水龍圭《りゅうけい》さんだ。営業トークはあまり得意ではないという藤本さんと営業先の東京のデパートで出会い、後に入社。清水さんは既存の「神開」を売るだけでなく、新たな酒のネーミングやラベルデザインまで手掛けファンを増やしている。

清水さんとコンビを組んだ頃から「神開」は劇的に変わった。藤本さんのめざす「飲んでしんどくない、しみじみ旨い酒」へと工夫を重ねた。例えば、貯蔵庫が低温なので酒の熟成は比較的時間がかかる。旨くなったタイミングで出荷したところ、２０１４年の燗酒コンテストで金賞を受賞した。

「地酒は地元で愛されてこそ。米と酒、その消費を地域で循環させたい。酒造りが大好きですし、最終的には米作りも自分でやりたい」と藤本さんは目を輝かせる。

２０１７年には杜氏《とじ》としてデビューし、ますます気合いが入る。

清水さんが企画した夏季限定純米吟醸「ココメロ＆リモーネ」（左端）。イタリアではスイカ（ココメロ）にレモン（リモーネ）を搾って食べるという「夏」のイメージを生かした。かわいらしい雷様のイラストのラベルが女性に人気

営業を担当する
清水龍圭さん
（写真提供：西村翔輝）

湯を沸かす釜も味わい深い

大津絵画家４代目高橋松山さんの作品をラベルに描いた酒も多い

イベント

3月下旬・10月下旬

●蔵開き

しぼりたて新酒のきき酒とバーベキュー（要予約）

これがうちの酒！

「神開《しんかい》」
特別純米
山田錦　山廃仕込６割磨き

蔵元の藤本信行さん

蔵元から一言

氷温冷蔵庫で１年半かけて熟成させました。このクラスでは異様なほど低温超長期醪《もろみ》で、じっくり発酵させました。どっしりと濃醇で旨味が乗った無骨で野武士のようなお酒です。口に含むと米の甘みをふわりと感じ、山廃仕込みに由来する力強い酸味が顔を覗かせると、全体が一気に引き締まり、余韻が長く続きます。

DATA

●**杜氏**：藤本信行（蔵元）　●**酒米**：山田錦
●**精米歩合**：60％　●**酵母**：きょうかい701号
●**値段（税別）**：720mℓ　1,400円、1,800mℓ　2,800円
●**オススメの飲み方**：冷や　●**オススメの肴**：天ぷらなど
●**蔵見学**：可（酒販店の紹介が必要）　●**小売**：あり

藤本酒造　甲賀市水口町伴中山696
TEL.0748-62-0410　FAX.0748-62-0650

ビアレストラン寿賀蔵。10名以上の団体のみ予約で営業

滋賀酒造《しがしゅぞう》

日本酒、ビール、焼酎と多様な酒で時代に対応

1926年（昭和元年）創業の滋賀酒造は、蔵元の原二郎さんで2代目となる。二郎さんの息子で次期蔵元の一郎さんは、東京農業大学を卒業後、四国の酒蔵で1年修行をして蔵に帰ってきた。

メイン銘柄「貴生娘《きぶむすめ》」は、普通酒を生や原酒で販売している。

「今お客様は量を飲まず、味のあるお酒を探しています。そこで炭素濾過《ろか》をせず、味わい重視で旨味や雑味もしっかり残しています」と一郎さんは話す。

鈴鹿山系の伏流水《ふくりゅうすい》を仕込み水に使い、日本酒だけでなく「びわこいいみちビール」や米焼酎「頂《いただき》」も造っている。

地元の甲賀《こうか》市水口町《みなくちちょう》で行われる麦酒祭《むぎざけまつり》では、地元の人が交代で宮守を務め、麦を発酵させた甘酸っぱい微炭酸の飲物を手作りして神社に奉納する。1441年（永享13年）から続いているという記録があるそうだ。

地元産の麦で1997年からビールの生産と販売を始めた。ビールはクリアーとストロングの2種。甲賀市信楽町《しがらきちょう》の名産・朝宮茶を使用して旨味を加えた発泡酒「ほととぎす」も人気だ。

酒の貯蔵庫を改造したビアレストラン「寿賀蔵《すがくら》」では、醸造工程を見ながら、タンクから汲みたての地ビールなどが楽しめる。

ビアレストラン寿賀蔵の席からはビールの製造プラントが見られる

左から「びわこいいみちビール」のストロングとクリアー、朝宮茶発泡酒「ほととぎす」

日本酒「貴生娘」と米焼酎「頂」

これがうちの酒！

「貴生娘《きぶむすめ》」

原酒生酒

次期蔵元の原一郎さん

蔵元から一言

米の旨味や甘味ができるだけ濃厚に感じられるように造りました。

DATA

- **杜氏**：原一郎（専務取締役）　**酒米**：日本晴（滋賀県産）
- **精米歩合**：75%　**酵母**：きょうかい7号
- **値段（税別）**：720㎖　1,200円
- **オススメの飲み方**：できる限り冷やして
- **オススメの肴**：ほうれんそうの白和え
- **蔵見学**：不可　**小売**：あり

滋賀酒造　甲賀市水口町三大寺39
TEL.0748-62-2001　FAX.0748-62-4114

蔵の裏通りから見た蔵

竹内酒造《たけうちしゅぞう》

甲賀

農口杜氏に薫陶を受け修行した若手杜氏の確かな技術

東海道の石部宿《いしべしゅく》にある竹内酒造は、1872年(明治5年)創業の酒蔵だ。メイン銘柄は「香《か》の泉《いずみ》」。その名のように香り高く雑味のない、キレイな酒のイメージが強い。「唯醸《ただかもす》」純米大吟醸は、2010年に地酒の祭典「みんなで選ぶ滋賀の地酒会」で知事賞を受賞した。

2015年に経営体制が変わり、杜氏《とじ》の中村尚人《なおと》さんと平均年齢30代の蔵人が新たに酒造りに取り組むこととなった。

現在は2014年からの新たな銘柄「唯々《ただただ》」に力を入れている。「香の泉」とは方向性が少し違い、食事にも合う酒となっている。手がける中村さんは、能登《のと》杜氏四天王の一人である農口尚彦《のぐちなおひこ》さんのもとで6年間修行を積んだ。仕込みの様子を見に師匠が竹内酒造まで来てくれたことからも期待されていることが分かる。

酒を造る時に大切な順番は「一《いち》麹《こうじ》、二酛《にもと》、三造《さんつくり》」だとよくいわれるが、中村さんは「一麹、二麹、三麹」と、麹づくりに最も力を注ぐ。その成果は2016年から2年連続して全国新酒鑑評会で金賞を受けたことにも現れている。

「唯々」は多種多様で、2017年には初めて季節限定の「夏色純米」「茜空の約束」をリリースし好評を得た。これからの進化も楽しみだ。

醪の香りの中、櫂入れをする若い蔵人

「唯々 夏色純米」のラベル。同名の楽曲をイメージしたイラストには、耳の先に切れ目が入ったさくら猫も。この酒の売上から一部、不幸な動物が減るように県の団体に寄付している

蔵から石部宿を見渡す

イベント

2月11日㈷

●蔵祭り

蔵敷地内　搾りたて新酒の試飲ほか

これがうちの酒！

「唯々《ただただ》」

純米大吟醸

杜氏の中村尚人さん

蔵元から一言

綺麗さや上品さの中に米の旨味を引き出した吟醸酒です。蒸し米の水分量や麹菌の成長を見極めて、麹菌の動きに合わせて面倒みることで香ばしく旨味のある麹が出来上がります。妥協を一切せずに醸し出しました。

DATA

●**杜氏**：中村尚人（能登）　●**酒米**：山田錦（兵庫県吉川産）

●**精米歩合**：45％　●**酵母**：きょうかい1401号

●**値段（税別）**：720㎖ 1,650円、1,800㎖ 3,250円

●**オススメの飲み方**：15℃～20℃

●**オススメの肴**：牡蠣など

●**蔵見学**：不可　●**小売**：あり。「香の泉」のみ

竹内酒造　湖南市石部中央1丁目6-5
TEL.0748-77-2001　FAX.0748-77-2963

北島酒造《きたじましゅぞう》

定番の「御代栄」、攻めの「北島」二つの顔を持つ酒蔵

東海道に面する北島酒造。日曜・祝日は定休日

小売コーナーでは「御代栄」や「北島」のラインナップを購入できる

JR草津線甲西《こうせい》駅から徒歩5分、東海道沿いにある北島酒造は創業1805年(文化2年)。明治時代の銘柄は「柳川《やながわ》」だったが、戦時中の企業整備を経て1950年に新会社を設立した。同時に発売した「御代栄《みよさかえ》」は現在、県内全域で流通する酒の一つである。

中でも1980年から売り出した「しぼったそのまま一番酒」は、スーパーやコンビニでも見かける、最も身近な生原酒というイメージがある。糖類などで味付けした酒が多かった時代に、炭素濾過《ろか》をしない原酒の中汲《なかぐ》み(いちばん酒質の安定した部分)の生酒をリリースしたのだから、消費者に強烈な

杜氏の齋田泰之さん。夏は鳥取県東伯郡の杉山農園で米を育てている

「北島」生酛の酛すり作業。自分でもやってみたいという一般消費者の手も借りて行われている

「北島」の酛（酒母）。暖気樽で温めている

イベント

2月11日㈷

●JRウォーキング「冬の酒蔵めぐり」

しぼりたて新酒など当日だけの特別販売

インパクトを与えたはずだ。先代の北島吉彦さんの発想は、時代をかなり先取りしていたといえる。

現14代目蔵元の北島輝人《てるひと》さんは自社に入る前、「白雪」の小西酒造に務め、1996年にオーストラリアで初めて日本酒製造工場が開設された際には現地で3年ほど勤務した。現在は関係を解消しているが、当初は小西酒造や現地の食品会社とともに北島酒造も共同出資。豪州産の日本酒「豪酒《ごうしゅ》 Go-Shu」が生まれた。

当時まだ20代で海外での日本酒造りと異文化にふれた北島さん。南半球の星の下、日本酒の未来について真剣に考えた夜もあったのではないだろうか。

新たなブランド「北島」

専務時代の2004年、北島さんが中心となり新たに立ち上げた

窓を開けっ放し、寒風が吹き込む蔵で、蒸し米を手でていねいにほぐす

急速に冷やされた蒸し米

北島輝人さんの妻・友美さんのファンは多い。担当するブログにぜひアクセスを

甲賀

銘柄が「北島」である。「造り手の顔の見える酒にしたい」という願いを込めた名だ。900石ほど造る「御代栄」に比べると150石という少ない量を、小仕込みの専用蔵で造る。そのため、毎年新しいことにチャレンジできる自由さがあり、攻めの姿勢が感じられる。伝統を守り変わらぬ味わいの「御代栄」とは対極に位置する。

「北島酒造にとって、二つは車の両輪のように育ってほしい酒ですから、どちらも大事なんです」

と北島さんは言う。

当初の「北島」はフレッシュでフルーティな純米吟醸だったが、その後、次第に燗して旨い酒へとシフトしていった。東京の居酒屋で飲んだ燗酒に「こんなに旨いのか！」と驚き、「北島」でも生酛《きもと》の純米酒を造りはじめたという。

「それまでは僕も無濾過生原酒がよかったんです。でも、これだけでは日本酒に未来はないな、と。ところが生酛の燗酒を飲んで、ここに未来がある！ と感じました。世界中の他の酒にはない魅力、それが日本酒の燗の旨さです」

と北島さんは言い切る。

「北島」の味わいを例えるなら

「北島」は時間を経て本領を発揮する酒が多い

これがうちの酒！

きたじま　わたりぶね
「北島《きたじま》」渡船《わたりぶね》
純米大吟醸
生酛《きもと》 無濾過瓶火入れ

蔵元の北島輝人さん

蔵元から一言

雑味がなくクリア。舌に心地よいぬる燗から60℃の飛び切り燗まで、燗でこそ本領発揮の「燗をつけないなんてもったいない」大吟醸。どんな温度帯でも難なく受け入れてしまうその「男前な横顔」からは余裕すら感じられます。料理に寄り添うのでなく「抱きしめる」酒です。

DATA

- **杜氏**：齋田泰之（南部流）　**酒米**：滋賀渡船6号
- **精米歩合**：50%　**酵母**：きょうかい6号
- **値段（税別）**：720㎖ 1,800円、1,800㎖ 3,600円
- **オススメの飲み方**：ぬる燗から60℃、平盃で
- **オススメの肴**：寒ブリの刺身、おでんなどの和食
- **蔵見学**：可（要予約）　**小売**：あり

北島酒造　湖南市針756
TEL.0748-72-0012　FAX.0748-72-0124

「媚《こ》びない、まっすぐな酒」だ。確かに「北島」は甘くもなく、華やかな香りもない。常温や料理なしではそっけなく感じることもある。初心者は「旨い」と言わないかもしれない。あえて分かりやすくしていないのだ。ところが燗にしたとたん、味が豊かにふくらみ、体に染み込むように飲める。ぜひ燗をつけてみてほしい。

北島さんは2013年に専務から社長となった。

「よい酒イコール売れる酒ではない。厳しい世界です。だからこそ『御代栄』は守り、『北島』は常に挑戦する酒なのです」

北島さんの日本酒像を理解し共感する齋田泰之《さいだやすゆき》さんが、2017年から杜氏《とじ》となった。さらに攻める酒となる「北島」に期待したい。

酒造用語の豆知識

生酛仕込み

酒を仕込む時、最初から大きなタンクで一気に行うのではなく、小さめのタンク（→77頁）で少量の濃い醪《もろみ》を仕込む。このスターターとなる醪を酒《しゅ》母《ぼ》、あるいは酛《もと》と呼ぶ。生酛《きもと》仕込みとはその造りの方法のことだ。

生酛仕込みでは、空気中に存在する乳酸菌を酛に取り込むため、米や米麹《こめこうじ》をすりつぶす。そして、酛の中で乳酸菌が活性化するのを待つ。空気中にはほかの雑菌も多く、それらとの生存競争を生き抜いてきた酵母と乳酸菌は、アルコール発酵の中でも死滅しない強さを持つ。

生酛仕込みには一般的な速《そく》醸《じょう》酛の倍の4週間程度かかる。

酒の小売りをする店では40種類もの商品の試飲ができる。
２階には大広間があり、歴史的資料も展示されている

湖南

太田酒造《おおたしゅぞう》

日本酒、ワイン、焼酎も手掛ける
太田道灌ゆかりの蔵

　東海道草津宿にある太田酒造の創業は1874年（明治7年）。江戸を拓いた太田道灌《どうかん》ゆかりの蔵で、灘（神戸市）にも「千代蔵」を持つ。草津市では「不盡蔵《ふじぐら》」で吟醸・大吟醸酒を、その奥の蔵で焼酎を造っているほか、栗東市《りっとう》ではワインも生産しているので、最盛期にはスタッフがお互い行き来して手伝うそうだ。

　日本酒は草津の地下水で仕込み、大吟醸に用いる酒米「山田錦」や、本醸造酒の掛米《かけまい》用「日本晴」は、自社田を市内の農業法人に委託し低農薬で作ってもらっている。蔵人のまかないも日本晴だという。

　メイン銘柄「道灌」のほか、最近は、滋賀産米で仕込んだ純米生原酒「湖孤艪《こころ》」3種や、スペインの笠付きコルク栓とイエローグリーンのボルドー型ボトルに香り良くコクと旨味が濃い酒を詰めた「本醸造生原酒　蔵出し一番酒」に人気がある。輸出は、台湾やアメリカを中心に「道灌」が安定して伸びていて、オーストラリアでは「うめ酒」が好評だそうだ。

　蔵元の太田精一郎さんがめざすのは「あまり香りが出しゃばらず、米の余韻を残す旨口。でも酸のキレがある濃いめの酒」だ。自ら汗を流して日本酒やワイン造りに関わる太田さんならではの情熱や発想が、飲み手にも伝わってくる。

東海道沿いの草津宿にある太田酒造。
看板にも歴史が感じられる

蒸したての酒米をスコップで布に小分けする

小分けした蒸し米は2階の麹室へと蔵人が走って運び込む。室では麹菌を振りかけて麹に仕上げていく

イベント

4月最終日曜

●**蔵開き**

「草津宿場まつり」に合わせて、吟醸酒の振る舞い、甘酒の接待、生原酒試飲即売など

これがうちの酒！

「道灌《どうかん》」渡船《わたりぶね》

特別純米生原酒

蔵元の太田精一郎さん（右）と杜氏の梶塚英夫さん

蔵元から一言

滋賀県産渡船6号を100％使用。総米648kg、仕込本数2本の小仕込み造り、限定酒。仕込みはすべて手造りで、洗米は麹米・掛米とも手洗いの限定給水。米の味わい、旨味を十二分に引き出し、甘口でありながらもしっかりとした酸を持つ濃醇甘口タイプに仕上げています。原酒を氷温で1年近く生熟成させたのち商品化します。

DATA

●**杜氏**：梶塚英夫（社員杜氏、能登杜氏）　●**酒米**：滋賀渡船6号

●**精米歩合**：60％　●**酵母**：きょうかい1401号

●**値段（税別）**：720mℓ 1,400円、1,800mℓ 2,800円

●**オススメの飲み方**：ぬる燗、ロック、冷や

●**オススメの肴**：カレイの煮つけ、小鮎の甘露煮など

●**蔵見学**：可（要予約、期間 11月～3月）　●**小売**：あり

太田酒造　草津市草津三丁目10-37
TEL.077-562-1105～1106　FAX.077-564-0046

古川酒造《ふるかわしゅぞう》

東海道草津宿の名所からその名を受け継ぎ
地元産の米と水で醸す「天井川」

東海道に面した壁の虫籠窓《むしこまど》が旅人気分をかきたてる

東海道沿いの草津宿で宿場旺盛時より現存する唯一の酒蔵。古くからの銘柄は「宗花《むねはな》」だが、現在のメインは「天井川《てんじょうがわ》」である。

全量木槽搾《きぶねしぼ》り(↓15頁)で昔ながらの手造りを大切にしている。原料の米は一部、草津市内の農業法人が育てる、農薬や化学肥料を使用しない米だ。現蔵元自ら杜氏《とじ》を務めた時期を経て、現在は但馬《たじま》杜氏に任せている。

1998年、市内八つの酒屋との共同企画で公募して名前が決まった「天井川」とは旧草津川のことで、屋根より高い川底が浮世絵にも取り上げられた名所。堤防の桜並木とともに市民に親しまれてきた。特に原酒の味わいは旨味たっぷりで力強く濃密、肴《さかな》なしで飲める。

飯米「みずかがみ」100%の特別純米酒にも注目してほしい。2015年から造られ、ごくあっさりとしていて一口含むと何か食べたくなる。おでん、肉じゃがなどと合わせると突然お酒の旨味が顔を出し、白ご飯のように飽きない。出会いは素っ気ないけど、付き合ううちにその良さが分かる「隠れイケメン酒」なのだ。

店頭では全種類を試飲できる。草津宿の風情を感じるため、また試飲のためにも歩いて立ち寄りたい蔵だ。

年季の入った木槽の船口。ここから滴る酒の音を想像してしまう

酒袋を積み重ねて醪を搾る槽。上から力をかける佐瀬式が使われている

これがうちの酒！

「天井川《てんじょうがわ》」
本醸造

蔵元の古川睦夫さん

蔵元から一言

濃醇旨口《のうじゅんうまくち》、いつどこで飲んでも「旨い」「おいしい」、偽りのない酒造りを信条にしています。

DATA

- **杜氏：**上田忠弘（但馬杜氏）　**酒米：**日本晴（農薬·化学肥料不使用米）
- **精米歩合：**70％　**酵母：**きょうかい701号
- **値段（税別）：**720㎖ 1,200円、1,800㎖ 2,300円
- **オススメの飲み方：**冷やして、またはロックで
- **オススメの肴：**鮎の塩焼き、帆立貝のソテー、山菜の天ぷらなど
- **蔵見学：**可（要予約）　**小売：**あり

古川酒造　草津市矢倉1丁目3-33
TEL&FAX.077-562-2116

大津市丸屋町のアーケード内にある平井商店

平井商店

ひらいしょうてん

娘杜氏が夫婦で醸す しなやかな感性の酒

湖南

大津市中心部の商店街にある平井商店の創業は1658年（万治元年）。この辺りは「大津百町《ひゃくちょう》」といわれるほど繁栄し、酒造業も盛んだった。当時の「大津酒」の酒蔵で唯一残る蔵だという。

17代蔵元の平井八兵衛《はちべえ》さんは技術職の会社員としての海外勤務から帰国した後、酒造りの修行を1985年から8年間積んで蔵元杜氏《とじ》となった。杜氏を兼ねる蔵元はまだ珍しかった時代のことだ。

八兵衛さんの長女の弘子さんも畑違いの職種で就職活動をしていたが、祖父である16代八兵衛さんの「弘子に酒屋を継いでほしい」という遺言で蔵に入ることを決意し、杜氏となった。その後、県外酒蔵の蔵人だった将太郎さんと出会い、結婚して平井家に迎えた。

弘子さんがめざす酒は蔵元の思いとも重なり、「飲みやすく、料理を食べながら飲みつづけられる酒」だ。日本酒初心者をターゲットにした入門編の酒といえる。

微炭酸が爽快な純米活性にごり「湖雪《フーシェ》」もその一つ。通年出荷するには少量ずつていねいに仕込む必要があり、真夏でも低温に保ち、わずかに発酵させつづけている。

2017年、弘子さんは長男を出産した。酒造りも子育ても、家族みんなで愛情を注ぎながら全力で打ち込んでいる。

食文化としての日本酒も楽しんでほしいと、
店頭には作家の酒器も並ぶ

父娘２代の蔵元・杜氏が
協力して酒を仕込む

これがうちの酒！

「浅茅生《あさぢを》」
特別純米酒
酒造り三百三拾年《さんびゃくさんじゅうねん》

杜氏の平井弘子さん（左）と
将太郎さん夫妻

蔵元から一言

創業330年目にして現蔵元が初めて純米酒を造ったことから命名しました。スッキリとした口当たりで、いつまでも飲み飽きしない定番酒です。ひと冬ひと冬、少量の仕込みながら、その年にできる限りのことをやり尽くす酒造りをしています。

DATA

- **杜氏**：平井弘子　**酒米**：滋賀県産
- **精米歩合**：60%
- **値段（税別）**：720㎖ 1,100円、1,800㎖ 2,200円
- **オススメの飲み方**：あまり冷やさず（15℃）、または上燗（45℃）
- **オススメの肴**：阪本屋（大津市）のたてぼし（石貝）の佃煮、赤こんにゃくと牛スジ煮込みなど
- **蔵見学**：不可　**小売**：あり

平井商店　大津市中央1丁目2-33
TEL.077-522-1277　FAX.077-522-2250

右手が三兄弟の気合いのこもった3階建て空調完備の仕込み蔵

浪乃音酒造の表玄関。小売もしている

浪乃音酒造《なみのおとしゅぞう》

琵琶湖のほとり 三兄弟と家族の和で醸す「古《こ》壺《こ》新《しん》酒《しゅ》」

湖南

浪乃音酒造の創業は1805年(文化2年)。堅田《かたた》の名所・満月寺浮御堂《うきみどう》には歩いて5分だ。10代目蔵元の中井孝さんは、現在二人の弟とその家族とともに酒造りに取り組んでいるが、ここまでの道は平坦ではなかった。

孝さんが19歳の時、父である先代蔵元が急逝《きゅうせい》し、代わって母が跡を継いだ。その頃、液化仕込み(原料米を蒸さないで酵素を使用し液体化して仕込む方法)を習った孝さんだったが、ピンとこなかった。

杜氏《とじ》交代の時期になったが、次の杜氏が見つからない。そんな時、出入り業者が個人的に紹介してく

季節限定でオープンする余花朗では食事がいただける

イベント

6月～9月

●余花朗《よかろう》（浪乃音別邸）で食事

1日限定20名で鰻料理を味わう（要予約）

毎月第4金・土 13時～16時

●量り売り

旬の酒を販売

余花朗の玄関に掲げられている額の「浪乃音」は高浜虚子が揮毫

れたのが能登《のと》杜氏の金井泰一《かないたいち》さんだ。金井さんの酒の味は魅力的だった。最初の1年で酒造りのおもしろさに目が覚めた中井さんは蔵を建て替え、三兄弟が一丸となって習得することを誓う。

　次男の均さんは夏の間海外添乗員として旅行業界で働き、冬は蔵で修行を積み、三男の快《やすし》さんは広島県にある独立行政法人酒類総合研究所で研修を受け、冬は信州の蔵で修行を重ねた。

　金井さんからは条件として「5年間で覚えてほしい」と言われていたが、7年後にやっと「これならやっていける」という感覚を得て、三兄弟で造りはじめた。そのため「浪乃音」裏ラベルの杜氏の欄には、「三兄弟」と誇らしく表示されている。

余花朗座敷から琵琶湖方面を望む。埋め立てられる以前、庭の向こうはすぐ湖だったそう

琵琶湖のほとりから世界へ

浪乃音酒造が大切にしているのは、みな仲良くということ。酒造りの言葉でいう「和醸良酒《わじょうりょうしゅ》」である（↓120頁）。そして、めざす酒は、上品な甘みと控えめな香り、丸くバランスのよいもの、そして、料理に合う酒である。

料理を意識するようになったのは、祖父が暮らしていた屋敷を改修した「余花朗《よかろう》」で2003年から季節限定で食事を出すようになったことも大きいという。そこでは孝さんが自ら蔵の酒を注いでくれることもあり、また、酒と料理に加え、妻・美恵さんのセンスが光る器やしつらえも好評だ。

余花朗とは祖父の俳号であり、師匠の高浜虚子がこの屋敷に滞在したこともある。孝さんも汰浪《たろう》の号で朝日俳壇に作品が掲載される

コースでまず出されるお膳には心づくしの肴が盛り合わされ、酒がすすむ

「酒蔵の井戸のあたりの寒さかな」中井汰浪

これがうちの酒!

「浪乃音《なみのおと》」
ええとこどり純米酒

蔵元の中井孝さんと、ユーチューブで量り売り情報を発信している浪乃音仮面

蔵元から一言

浪乃音酒造の定番酒は、リーズナブルで飲みあきないお酒です。火入れ酒のほかに、生や無濾過生原酒もあります。当蔵は伝統を守りながら新しい事にチャレンジする「古壺新酒」を理念とし、日々精進しています。

DATA

●**杜氏**:三兄弟(能登流)　●**酒米**:山田錦・日本晴

●**精米歩合**:65%　●**酵母**:きょうかい901号

●**値段(税別)**:720mℓ 1,150円、1,800mℓ 2,100円

●**オススメの飲み方**:どの温度帯でも。特に55℃の燗

●**オススメの肴**:白身魚など　●**蔵見学**:可(要予約)　●**小売**:あり

浪乃音酒造　大津市本堅田1丁目7-16
TEL.077-573-0002　FAX.077-573-4948

ほどの腕前だ。

純米大吟醸の名前に使われている「古壺新酒《こ こ しんしゅ》」は虚子の造語で、俳句というものは古い壺(形式)に花《か》鳥《ちょう》諷詠《ふうえい》という新しい酒(内容)を盛るという意味だが、まるで浪乃音酒造のためにあるような言葉だ。

孝さんは三男一女の父であり、次世代を担う人材が育っている。長男の充也《みつや》さんは次期蔵元候補で、海外留学後、県外の蔵元で修業中。次男朗人《あきと》さんは大学生。三男卓大《たくひろ》さんは9歳の時からサッカーのクラブチーム、レアルマドリードの下部組織に所属しスペインへ。長女保乃可《ほのか》さんもスペインで日本酒の普及活動に取り組んでいる。

海外での経験を持った若い世代が参加すれば、古い伝統を受け継ぎながら新たな視野で浪乃音酒造を展開させることだろう。

酒造用語の豆知識

吟醸造り

吟醸《ぎんじょう》酒の特徴であるフルーティーな香りや軽快で淡麗な味わいを出すため、醪の温度を低く、時間をかけて発酵させる。原料の米の精米歩合(→25頁)が60%以下を使うのが吟醸、50%以下を使うのが大吟醸とされる。

吟醸造りが始まったのは大正時代の終わり頃。精米技術の進歩により実現した新しいタイプの日本酒だった。吟醸造りという言葉も、この頃に使われだしたという。

主に品評会への出品用で市場には出回っていなかったものの、昭和50年頃にブームとなり、一般の人も楽しめる酒となった。

北国海道（西近江路）沿いの蔵。見越しの松も優雅だ

福井弥平商店

ふくいやへいしょうてん

物語をひも解きながら飲みたい この土地、この蔵ならではの酒

湖西

琵琶湖の西岸、高島市勝野の街道沿いにある福井弥平商店。創業は寛延年間（1748〜1751年）という。表には見越しの松、裏には船で琵琶湖へ酒や米を運んでいた水路の跡もある。蔵元の福井毅《たけし》さんが結婚を機に蔵に入ったのは2000年。「昔は顔の見えにくい酒でした」と振り返る。確かに最初は「欠点のない優等生の酒」という印象だった。

その「萩乃露《はぎのつゆ》」が変わりはじめたのは、地元農家や行政、市民と協力して醸《かも》す酒「里山」のプロジェクトに参加してからだ。

その背景には日本棚田百選に県内で唯一選ばれた高島市畑《はた》地区の棚田があった。棚田は確かに美しいが、農家は高齢化や後継者不足で維持が難しい。そこで市民から棚田オーナーを募り、会員が育てた米を使って福井弥平商店で酒にすることになった。他の地域の蔵ではなく、こうして、この地で260年以上酒を造りつづけ、棚田保全に寄与したいと考える福井弥平商店にしかできない酒が誕生した。

以後生まれた酒がいくつもある。「芳弥《よしや》」では、それまでに造っていなかった山廃《やまはい》仕込み（→97頁）の酒にチャレンジした。仕込み水が超軟水のため、酵母を強くする山廃仕込みが蔵に合っていたのだ。

オリジナルデザインののれんは「雨垂れ石を穿つ」の名付け親でラベルも手掛けた、ソムリエでもあるデザイナー九里法生さんの作品

店頭で買える「萩乃露」グッズ。前掛けと、一升ビンが２本入る通い袋。これは何かと便利

純米吟醸の無濾過《ろか》生酒「流」シリーズは個性的。かつて滋賀県で盛んに使われ、近年復活した幻の酒米「渡船《わたりぶね》」は、「山田穂《やまだぼ》」とともに「山田錦」の父母系にあたる。そこで「渡船」と「山田穂」の純米吟醸を「源流」、山田錦の純米吟醸を「名流」と銘打ち、３種類を同じ仕様でリリースした。米の違いで飲み比べできるのが楽しい。

「特別純米　福を呼ぶ新酒」に使われている「夢みらい」も珍しい米だ。地球温暖化に対応できるよう開発された飯米で、地元の農機具商社長の「地域で一品種のみを栽培していると、例えば台風で全滅の危険もある。収穫時期が違う品種でそのリスクを減らしたい」という考えに共感して誕生した。

日本酒リキュール「和の果のしずく　れもん酒」には、先行商品「うめ酒」の梅を探しに行った和

仕込みの季節、蔵から蒸気が

歌山県で100年前から栽培されているレモンが使われている。その黄色くなるまで木で熟したやわらかな酸味の素晴らしさに感激した福井さんが、その場で「このレモンで酒を造らせてください」と申し込んで生まれたという。

　こうして、バラエティに富み、個性的な「顔の見えるような酒」がそろっていった。

奇跡のドラマが生んだ酒

　2014年には「特別純米　十《と》水《みず》仕込　雨垂《あまだ》れ石《いし》を穿《うが》つ」を発表し、大反響を呼ぶ。十水仕込とは、10石の米に対して、10石の水で仕込むという江戸時代の酒造レシピを再現したもので、現代より1、2割ほど少ない水で仕込む方法だという。その味わいは新酒なのに深いコクがあり、冷やしても燗をつけても旨く、「燗酒コンテスト」のプレミアム燗酒部門で2年連続金賞に輝いた。しかしこの酒、味や製法だけが独特なのではない。

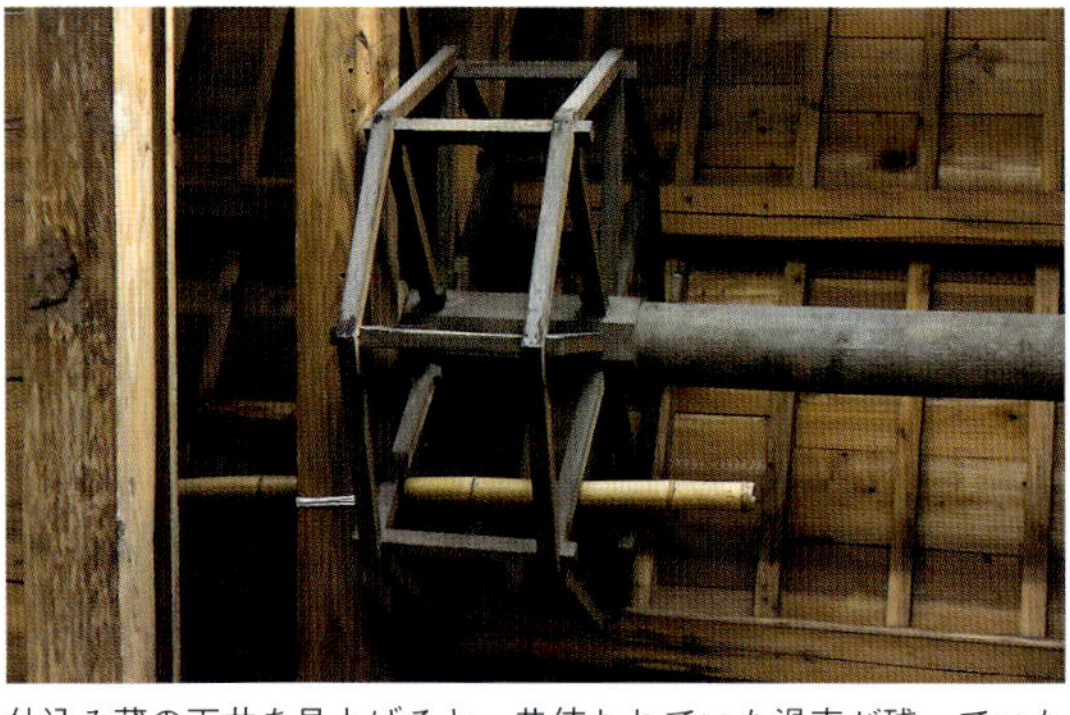

仕込み蔵の天井を見上げると、昔使われていた滑車が残っていた

杜氏の杉本和寛さん

これがうちの酒！

「萩乃露《はぎのつゆ》」
特別純米　十水仕込
雨垂れ石を穿つ

蔵元の福井毅さん

蔵元から一言

2013年に地元に大災害をもたらした台風18号の中、弊社の契約栽培米が奇跡的に収穫を迎えられたことを契機に生まれたお酒です。「十水仕込」という古の醸造法を用い、粘度があり濃醇でありながらも、さわやかで飲みやすい極めて現代的な味わいが生まれました。

DATA

- **杜氏**：杉本和寛（能登杜氏）　**酒米**：山田錦・吟吹雪
- **精米歩合**：60%　**酵母**：きょうかい９号系
- **値段（税別）**：720㎖　1,350円、1,800㎖　2,700円
- **オススメの飲み方**：冷やして～熱燗
- **オススメの肴**：赤身肉のグリル、牡蠣のバターソテー、イワシの生姜煮など
- **蔵見学**：不可　**小売**：あり

福井弥平商店　高島市勝野1387-1
TEL.0740-36-1011　FAX.0740-36-1633

誕生の背景には高島市を襲った豪雨の被害があった。市内を流れる川が決壊し、収穫直前の多くの稲が無残に泥に飲みこまれてしまったが、「吟吹雪《ぎんふぶき》」を栽培してもらっていた田んぼでは、農家の尽力により収穫までこぎつけ、その年の酒に使うことができた。そんな奇跡のドラマがある米をより大切に使いたいと考え、福井さんは十水仕込の「雨垂れ石を穿つ」を完成させる。そして売上の一部を高島市の福祉プロジェクトに寄付することにした。

「ある人に、うちの蔵はいろんな酒がありすぎて方向性が分からないと言われたことがあります。確かに酒だけ見たらそうかもしれませんが、すべてうちがやる背景や理由があるものだけなんですよ」

福井さんは静かな情熱を込めて語ってくれた。

酒造用語の豆知識

環境こだわり農産物

(1)化学合成農薬の使用量は通常使用量の半分以下。
(2)化学肥料（窒素成分）は通常使用量の半分以下。
(3)泥水を流さないなど、琵琶湖や環境にやさしい技術で栽培する。
(4)どのように栽培したかを記録する。

これら四つの基準をクリアして栽培された農作物を、「環境こだわり農産物」として滋賀県が認証するしくみ。

より安全・安心な農産物として販売されていて、認証された酒米を原料に使っている蔵も多い。認証マークがあり一目で分かるようになっている。

上原酒造の玄関。「不老泉」のキャップの「迪《みち》に恵《したが》へば吉《きち》」は『書経』にある言葉で、地元太田集落に逗留していた書画家・富岡鉄斎筆。「善道に従えば吉となり、悪逆に従えば凶となる。怠ることなく荒むことなくひたすら勉め励むべし」との意から「飲む人に吉を導く酒となるよう」酒造りに励んでいる

上原酒造

うえはらしゅぞう

「迪《みち》に恵《したが》へば吉《きち》」独自の山廃仕込みで切り開いた道

1862年（文久2年）創業の上原酒造には、自噴《じふん》の井戸水がカバタ（川端）に常時流れている。歴史を感じさせる天秤棒《てんびんぼう》付き木槽《きぶね》が2基、木製の甑《こしき》1基、木桶《きおけ》2個があり、昔ながらの酒蔵的な光景が見る者の期待に応えてくれる。

時代に逆行したかのような「改革」を進めてきた先代の上原忠雄さんに対し、息子で6代目蔵元の績《いさお》さんは、酒造りの現場に携わる立場から「蔵人の負担が増える」と抵抗したという。木槽を2基に増やした時点で「これ以上の搾《しぼ》り機は管理できない」と、空気圧で醪《もろみ》を搾るヤブタ式を使わなくなった。

古い道具が非効率とは限らない。使っているうちに績さんはそれらの優れた機能に気づかされた。「木の甑は状態のよい蒸し米に仕上げてくれ、木桶は保温に優れて温度管理がしやすい。木槽天秤搾りは旨いところしか搾りません」

山根杜氏の育てた山廃仕込み

看板商品は「不老泉《ふろうせん》　山廃《やまはい》仕込特別純米　参年熟成原酒」、通称「赤ラベル」だ。上原酒造といえば山廃（→97頁）というイメージが日本酒ファンの間では定着しているが、なぜ山廃なのだろうか。

そのきっかけは前杜氏《とじ》の山根弘さん（但馬《たじま》流）の「この蔵には山

木槽天秤搾りの現場。テコの原理で圧力を掛けて搾る。迫力満点だ

先代の上原忠雄さんが導入を決めた精米機。自社精米で酒米の管理が徹底できるため、さらなる酒質の向上につながるという

イベント

7月最終かその1週前の土日(土曜は午後から)

●初呑み切り

蔵内のすべての商品の試飲。※単なるきき酒イベントではなく、その年の出荷酒を決めるために開催。事前にブログで情報や注意事項など要確認

生命力あふれる醪の泡。酵母や麹などが生きているのを実感できる

廃が合っているのでは?」という一言だった。理由の一つは仕込み水にある。軟水のため「水が弱い」。つまり酵母《こうぼ》の栄養が少なく、醪後期に息切れして発酵が止まってしまうが、山廃仕込みの天然酵母は生命力が強いので発酵しつづけ、いい酒ができるということだ。

山根さんが蔵に入った1991年度の冬期、績さんは東京での会社勤めを辞め家業を継いだ。当時、県内に山廃仕込みを行う蔵は皆無だったという。しかも乳酸・酵母無添加というのは全国的にも珍しい。最初の本醸造酒と純米酒はタンク一本ずつで「濃くて旨い」酒だったが、当時は淡麗辛口がトレンドで飲みやすい酒が主流だったため、熟成感があり味の濃い山廃の純米酒は売れなかった。

それでも毎年造りつづけて3年。「酵母無添加と書いてあるが、常

木桶での仕込みも復活させている。ホーロータンクに比べメンテナンスの手間や水の使用量は増えるが、保温力は抜群だそう

ふなくちから搾りたての新酒が垂れてくる。その水音は妙なる調べにも聞こえる

識ではありえない」と大阪のある飲食店が蔵まで来た。売れずにタンクで熟成していた山廃の酒を「旨い！」と見いだしてくれ、買ってくれたのが「赤ラベル」の誕生につながった。

　2001年には普通酒も山廃に切り替え、山廃と速醸《そくじょう》（乳酸・酵母添加）の酒の比率が逆転。濃い酒が好きなコアなファンにクチコミで広まったことから「赤ラベル」がドカンと売れはじめた。

　四半世紀以上造りつづけて、無濾過生原酒がもてはやされた時代には、山廃で生酒や「中汲《なかぐ》み」の酒を出すと「ふつう山廃はもっとごついのに『不老泉』は飲みやすい」と言われるようになっていた。

新杜氏に受け継がれる技と熱

　2014年の夏、先代の忠雄さんのもとで「山廃の不老泉」を創

杜氏の横坂安男さん。「山根の前に山根なし。山根の後に山根なし」と、熱いキャッチフレーズを教えてくれた。担いだ米袋も「農家ですからこれくらい軽いです」と余裕だ

り上げ、その称号を不動のものにした山根さんが亡くなった。後を継いだのは、東京農業大学醸造科を卒業し酒造業界に入って三十数年というベテラン横坂安男さんだ。

　千葉に住む横坂さんは群馬や新潟の蔵を経て岡山の中田酒造で杜氏を務め、石川の「常《じょう》きげん」酒田酒造で能登《のと》杜氏・農口尚彦《のぐちなおひこ》さんに2年間山廃仕込みを学んだ。この頃、「不老泉備前雄町《びぜんおまち》」を飲んで、

これがうちの酒！

「不老泉《ふろうせん》」
山廃仕込 純米吟醸
滋賀渡船 火入酒

蔵元の上原績さん

蔵元から一言

杜氏が代わっても、めざすものは何も変わりません。手間暇かけて昔ながらの濃醇旨口、かすかな余韻を残しながらすっと切れる、そんなお酒を手造りする。それが不老泉。ずっと造りつづけていくことが最大の目標です。

DATA

●杜氏：横坂安男　●酒米：滋賀渡船６号（滋賀県産）
●精米歩合：55％　●酵母：蔵付天然酵母
●値段（税別）：720㎖ 1,650円、1,800㎖ 3,300円
●オススメの飲み方：冷やから常温で　●オススメの肴：肉料理全般、煮魚など
●蔵見学：3/10前後の甑倒し以降、3/25前後までの期間のみ可（要予約）
●小売：あり

上原酒造　高島市新旭町太田1524
TEL.0740-25-2075　FAX.0740-25-5463

乳酸・酵母無添加の山根さんの山廃仕込みに惚れ込み、千葉「岩の井」岩瀬酒造を経て、「教えてほしい」と自ら上原酒造にやって来た。山根さんが亡くなる前年、酛(酒母《しゅぼ》造り)を任され、指導を受けた。

「蔵の中に息づく酵母を守り神として酒母に迎え、見守りながら酒を醸す」というのが山根さんの信念だった。夏は但馬《たじま》の米農家として自ら育てた酒米「たかね錦《にしき》」で「赤ラベル」を醸《かも》した山根さんに倣《なら》い、横坂さんも千葉の農家として自分で育てた「総《ふさ》の舞《まい》」を持ち込み「不老泉」を仕込む。

そんな「山根イズム」を継承した新杜氏から惜しみなく熱量を注ぎ込まれ、「不老泉」は今後さらなる飛躍を遂げるに違いない。

酒造用語の豆知識

山廃仕込み

酵母《こうぼ》が発見されていない時代、蔵に棲《す》み着く天然の酵母を取り込んで生酛《きもと》造りが行われていた。それには醪《もろみ》の中の麹《こうじ》などをすりつぶす作業が必要で、その作業を「山卸《やまおろ》し」と呼ぶ。「山廃《やまはい》」とは「山卸しを廃止(した酛)」という意味で、「乳酸を加えない」こと以外に決まりはない。

現代の一般的な酒造り(速醸《そくじょう》)では、アンプルに入った培養酵母が使われ、雑菌の繁殖を抑えるために乳酸が加えられる。酵母や乳酸を添加しないと、思うような酒質にならず、腐ってしまう危険もあるからだ。しかし、蔵の中を漂う酵母を引き込んで湧かせると、生命力の強い酵母が酒を造ってくれる。できる酒も力強い味となる。

焼き板の黒さが落ち着いた雰囲気の川島酒造。「松の花」の名は
創業時に切り倒した松を忘れないように、との思いから

湖西

川島酒造《かわしましゅぞう》

開かれた酒蔵として日本酒ファンを増やしたい

1865年（慶応元年）創業の川島酒造がある高島市新旭町は、豊富で良質な湧き水を生活に活かすカバタ（川端）で知られる針江《はりえ》地区に隣接している。

年間を通して蔵見学を受け入れているのは、6代目蔵元の川島達郎さんの熱い思いからだ。

「仕込みの時期にお客様に醪《もろみ》を見せてあげると、一発でファンになってくれますよ。日本酒は米と麹《こうじ》だけでできていることをしっかり伝えています」

タンクの中で発酵している醪はふつふつと泡を発しながら流動するので、中の酵母や麹などの菌が生きていることを実感できる。そんな感動的なシーンを多くの人に見てもらうために、あえて仕込みシーズン中の蔵見学も実施しているのだ。

アジア各国に向けては、赤や金の蒔絵ボトルに詰めたり、木箱に入れたりして工夫している。同時に国内でもTPOに合わせた料理や温度、飲み方の提案をしていけば、まだ伸びしろはあるとみる。

川島さんと能登《のと》杜氏《とじ》の向《むかい》守三郎さんが造りたいのは「奇をてらわず、基本に忠実で愚直に原点に徹する酒」だ。淡麗な吟醸酒から原酒まで幅広いタイプがそろう。蔵見学の折には、蔵の人の話を聞きながら好みの酒を見つけたい。

蔵の庭からは昔使われていた赤いレンガの煙突が見える

タンクの醪に櫂を入れる蔵元の川島達郎さん。蔵見学ではこんなシーンが見られるかも

見学にお勧めなのは搾る前の醪が見られる酒造シーズン(11月～2月)

杜氏の向守三郎さん

イベント

12月～2月随時　●**新酒見学ツアー**

しぼりたての新酒の味と酵母の音、発酵の香りを楽しむほか、カバタ見学など。宿泊施設とのコラボイベント（要予約）。TEL.0740-20-6570（ラシーヌホーム針江）

これがうちの酒！

「松《まつ》の花《はな》」
大吟醸　藤樹《とうじゅ》

蔵元の川島達郎さん

蔵元から一言

豊かなコク、まろやかなのど越し、比類ないほど芳醇な香り……。「松の花」の身上は、どこから愛でても満足のいく深くたおやかな味わいです。自然と共生する心を大切に、生きものを慈しみながら育み、手間暇惜しまずていねいな造りに徹しています。

DATA

- ●**杜氏**：向守三郎（能登杜氏）　●**酒米**：山田錦（地元農家との契約栽培）
- ●**精米歩合**：40%　●**酵母**：明利5-11号
- ●**値段（税別）**：720㎖ 2,427円、1,800㎖ 5,825円
- ●**オススメの飲み方**：雪冷《ゆきびえ》(5℃)だと淡麗でキレがいっそう引き立つ。人肌燗(35℃)からぬる燗(40℃)で、さらに米の自然な旨味と香りが調和する
- ●**オススメの肴**：ふなずしや湖魚の佃煮、鮎の塩焼きなどの地元食材
- ●**蔵見学**：可（仕込み期間を含む通年、要予約）　●**小売**：あり

川島酒造　高島市新旭町旭83
TEL.0740-25-2202　FAX.0740-25-5007

蔵の表玄関では小売も行う

吉田酒造《よしだしゅぞう》

桜の名所・海津大崎を望む琵琶湖にいちばん近い蔵

　琵琶湖の北西、高島市マキノ町海津《かいづ》にある吉田酒造は、文字どおり湖畔の酒蔵だ。北国海道《ほっこくかいどう》（西近江路）をはさんで波打ち際が迫っており、桜の並木道で有名な海津大崎を一望できる。

　海津は江戸時代、北陸からの物資を丸子船に積み替えて大津・京都へと運ぶ港町として栄えた。毎年4月29日に行われる海津力士祭りは、当時、回船問屋《かいせんどんや》で働く若者たちが力士をまねて化粧まわしを着け、美しさを競ったのが始まりだという。この祭りで圧倒的シェアを誇るのが吉田酒造の「竹生《ちく》嶋《ぶしま》」である。

　この町で生まれ育った蔵元の吉

店頭にはかわいい飾りつけも

田肇《はじめ》さんは、町内の契約農家が育てた酒米を用い、その酒の裏ラベルには農家の顔写真と紹介文を掲載するなど、地元への思いを込めて酒を造っている。

銘柄名も地元に関連したものが多い。たとえば「ヨキトギ」という酒は、マキノ高原を流れる斧研《よきとぎ》川の下流の田んぼで穫れた米を使用していることから命名した。北牧野の辺りには古代製鉄場の遺跡があることから、古代人はこの川で斧《おの》を研いだのだろうと思わせる。酒の名前によって当地が当時の先端技術を早くから取り入れた地であることを教えてくれるのだ。

マキノの四季を酒に映して

花シリーズの酒「花嵐《はなあらし》」「雪《せっ》花《か》」「吟花《ぎんか》」も、地元を強く意識して命名されている。

「花嵐」は海津大崎の満開の桜の

海津大崎の桜をイメージした「花嵐」

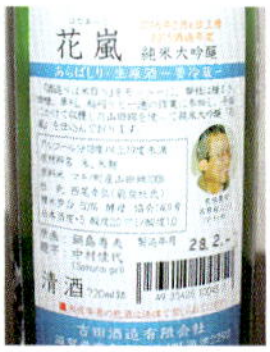

裏ラベルで米農家を紹介

桜の時期のみの日本酒バー「望桜亭」は大人気

望桜亭では吉田酒造の酒がワイングラスにサーブされる。おつまみは「杣人」の燻製と打ち立てのそば（2013年）

花びらが突風で巻き上がるイメージで、夜桜が描かれるラベルのデザインと書は、きき酒師で彦根市の日本酒バー「サムライガール」のオーナー中村佳代さんが手がけた。

「雪花」はマキノ町の冬がモチーフだ。酒蔵敷地内のケヤキの巨木が雪化粧で美しく輝くようすが思い浮かぶ。

「吟花」は酒米「吟吹雪《ぎんふぶき》」を使っている。搾った直後からフレッシュでフルーティーな香りが楽しめ、米の甘みも堪能できる。

桜祭りの時期には週末限定の地酒バー「望桜亭《ぼうおうてい》」をオープンし、地元の蕎麦《そば》打ちサークルや燻製《くんせい》専門店「杣人《そまびと》」と協力して観光客をもてなす。そんな時間を楽しみすぎて、ここから徒歩15分の海津大崎の桜を見ずに帰ったというお客さんもいるそうだ。花見で飲む「花

仕込み蔵の２階から、下のタンクに櫂入れ作業ができる

これがうちの酒！

「竹生嶋《ちくぶしま》」
辛口純米生原酒

蔵元の吉田肇さんと杜氏の西尾幸弘さん

蔵元から一言

辛口でキレのあるお酒の醸造に向いた酒造好適米「玉栄」を使った純米生原酒酒です。ただスッキリ辛いのではなく、日本酒本来の持ち味である旨味や甘みも大切にしました。

DATA

- **杜氏**：西尾幸弘（能登杜氏）　**酒米**：玉栄
- **精米歩合**：60%　**酵母**：きょうかい1401号
- **値段（税別）**：720mℓ 1,300円、1,800mℓ 2,600円
- **オススメの飲み方**：10℃〜氷温まで冷やして、白ワイン用のワイングラスで
- **オススメの肴**：鮎の塩焼き、サーモンのマリネ、しめ鯖など
- **蔵見学**：不可　**小売**：あり

吉田酒造　高島市マキノ町海津2292
TEL.0740-28-0014　FAX.0740-28-1390

嵐」の旨さは、他の季節とは比べようがない。ぜひテイクアウトして桜の下で味わってほしい。

海津の湖岸一帯は、2016年に重要文化的景観「高島市海津・西浜・知内の水辺景観」に選定された。漁師さんが大勢いた昭和40年代までは、船頭さんや人足さんたちがヤカンで直火にかけて燗をつけていたという「竹生嶋」も、湖岸の風景の一つとして溶け込んでいたことだろう。そして、今も地元で愛されつづけている酒である。

イベント

4月の土曜・日曜

望桜亭

海津大崎の桜のピークに合わせて蔵の中庭を開放。その場で打つ「手打ちそば」と「竹生嶋」のラインナップが楽しめる地酒バー

酒造用語の豆知識

酒米

酒造りに使う米を「酒米《さかまい》」という。酒米の特徴は粒が大きく心白《しんぱく》が入っていて、たんぱく質が少ないこと。心白とは米粒の中心に白く見える柔らかい部分のことで、これがあると麹《こうじ》菌が中まで食い込みやすい。

酒造りに適した米は各地にあり「酒造好適米」とされる。滋賀県は「玉栄《たまさかえ》」「吟吹雪《ぎんふぶき》」「山田錦」「滋賀渡船《わたりぶね》6号」の4種類。ほかに、飯米の「日本晴」「みずかがみ」「コシヒカリ」も使用される。

米によって香りや味わいに違いがあるので、自分好みの米で造られた酒を見つけるのも楽しい。

滋賀県で最も有名な郷土料理といえば、ふなずしだろう。好き嫌いははっきり分かれるが、酒好きな人はほぼ全員「大好物！ 燗酒と合わせると旨い」と答える。クセの強いふなずしでさえも受け止める包容力が滋賀酒にはあるのだ。

湖の幸の中から選りすぐった八つの食材「琵琶湖八珍《はっちん》」も滋賀酒に合う。ビワマスやニゴロブナ、コアユ、ホンモロコ、ハス、ゴリ（ウロリ、ヨシノボリ）、イサザ、スジエビを飴炊《あめだ》き（佃煮）だけではなく、素焼きに酢味噌、かき揚げなど地元でも味わってほしい。

県全域の名産品を集めて回るのは至難の業なので、湖西地域と「たかしま・まるごと百貨店」で選んだものを中心にご紹介。

※価格はすべて税別

こく旨近江牛肉味噌

近江牛の旨みも味噌味もこってりしているので、野菜やご飯に付けても肴にしてもいける。

700円

●販売元　大吉商店株式会社
高島市安曇川町田中252
TEL.0740-32-0001 FAX.0740-32-2908

鮒寿しとも和え

飯《いい》（ふなずしに詰められたご飯）といっしょに粗く叩いてあるので少しずつ賞味でき、酒の肴にもってこい。

800円（1個 80g）

●販売元：魚治（うおじ）
高島市マキノ町海津2304
TEL.0740-28-1011 FAX.0740-28-1271

みょうがの粕漬け 赤カブラ、野蕗

（季節商品）

自然豊かな山村で、地域のお母さんたちがすべて手作りしているお漬物。季節限定のものも多いので要チェック。

各380円（120g）

●販売元：甲津原漬物加工部
米原市甲津原1753
甲津原交流センター内
TEL.090-4031-8202 FAX.0749-59-0225

ちょうじ麩《ふ》のからしあえ（調合味噌付き）

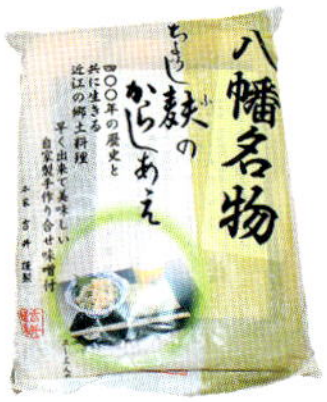

四角い形の丁子麩は滋賀県ならでは。これさえあれば、おふくろの味辛子和えが簡単に自宅で再現できる、おすすめセット。

400円

●販売元：麩の吉井
近江八幡市為心町上14
TEL.0748-32-7735 FAX.0748-32-2734

滋賀のおいしい肴《さかな》をお取り寄せ

滋賀酒と引き立てあう
滋賀ならではの素材を活かした逸品

ごり煮・えび豆・氷魚《ひうお》若炊き

琵琶湖の幸は種類が豊富。季節限定のものも多いので、四季折々に要チェック！

ごり煮：720円（80g）　えび豆：450円（150g）
氷魚若炊き：800円（80g）

●販売元　近江今津 西友（にしとも）
高島市今津町住吉2-1-20
TEL.0120-39-2105 FAX.0120-39-2899

チーズふなずし

「いきなりふなずしはハードルが高い」という方には、これがおすすめ。チーズが加わりマイルドになった。燗酒に合わせてみて。

500円（5切入1パック）

●販売元：薫彩堂（くんさいどう）
高島市安曇川町末広1-14
川魚のよしうめ内
TEL.0740-32-2374

和牛 かっぱ焼き

あまり出回らない部位を焼いた近江牛肉。食べ応えがあり満足度高し！　滋賀の濃い酒で迎え討とう。

1,200円（1パック）

●販売元：近江牛専門店 池元（旧・肉の丸池）
近江八幡市安土町下豊浦4550-1
TEL・FAX.0748-46-5298

カキのオイル漬け（スモークオイスター）

寒い季節だけの限定商品。岡山から一斗缶で取り寄せたぷりぷりの牡蠣の旨味がオリーブオイルに溶けだして、最後の一滴までおいしい。

3,056円（1瓶）

●販売元：手づくりスモーク工房 杣人（そまびと）
高島市マキノ町白谷5-125
TEL・FAX.0740-20-1063

滋賀酒を愛する居酒屋で今宵も一献

滋賀の酒を旨い料理と飲む

「日本酒 Bar 十八番」の酒肴盛り八珍

　旅先では、その土地の酒と料理の組み合わせの妙を楽しむ。旅の醍醐味を求めて駅前ののれんをくぐる人も多いのではないだろうか。酒の肴《さかな》はおいしいものを少しずつ、いろいろ欲しい。そこで、県内の居酒屋さんに頼んで、アテ盛りとお通しを出していただいた。

　まずは石山駅前の「日本酒Ｂａｒ十八番《おはこ》」の酒肴盛り八珍。赤コンニャク、小鮎の飴炊き、鴨ロースと、滋賀名物が盛り込まれている。中でもこれさえあれば！というのが地元大津の味噌屋さんの九重味噌を使った焼き味噌。ちびちびなめながら、いくらでも飲める。

　次に大津駅前の「鶏《とり》と魚とお酒直《なお》」では、お通しとして季節を感じさせる前菜盛り合わせが出され、ずっと飲んでいられる。どちらのお店でも滋賀の日本酒が充実しているので、店主に相談しながら選んでほしい。

滋賀酒を愛するイベント「おさけ日和」

　筆者が日本酒を真剣に飲むようになった２００１年頃は、県内の居酒屋でも滋賀の日本酒を置いているところは少数で、多くの店は1、2種類といったところ。一部の店では「冷酒《れいしゅ》」を「燗《かん》をつけて」と頼もうものなら「これは冷酒用だからできません」と断られることもあった。

　しかし、それから滋賀県の飲食店業界は変わった。その象徴が滋賀日本酒維新会の主催するイベント「おさけ日《び》和《より》」だ。旧大津パルコの三角広場で、

滋賀日本酒維新会が主催した第２回「おさけ日和」のようす。青空のもと、飲むお酒は格別に旨い

「直」大将の藤江直輝さん

「鶏と魚とお酒 直」のお通し

「十八番」大将の植村雄介さん

各回とも県内12蔵の蔵元、3軒の酒屋、居酒屋の常連客の協力を得て開催された。滋賀酒を強力に推している。

第1回は2016年6月開催、来場者数約800人。第2回は翌年5月開催、来場者数1200人を超える大盛況。場所柄からか、若い人が多かった。時間を区切っての「レア酒」販売には長蛇の列ができ、日本酒、そして滋賀酒の人気を目の当たりにできた。

ここでしか飲めない酒を

イベント以外にもフットワーク軽く行動する居酒屋もいる。

定休日には県内外の酒蔵を訪問して酒造りの現場を見学し、造り手と交流しながら常に情報収集とおもしろい酒の収集に努めている店主。店で出す酒について聞かれてもよどみなく説明してくれる。

また、地元の蔵元を応援するために市販されないバージョンを頼んで「居酒屋でしか飲めない酒」として店のみで売る仕組みを作った店主。これは蔵元にも、居酒屋にも、そして「レアもの」が飲みたい居酒屋のお客さんにもうれしい仕組みだ。近江商人の精神である「三方《さんぽう》よし」の実践と言っていいかもしれない。

ほかに、定期的に蔵元を囲む会を開催する店など、滋賀にはこんな居酒屋があることを誇りに思う。

滋賀日本酒維新会

大津駅・膳所《ぜぜ》駅・石山駅・浜大津駅の各地域に店舗を構える、日本酒をこよなく愛する飲食店有志(日本酒Bar 十八番・駅前酒場 御蔵・お酒と愛情一品 ノミビョウタン・お酒とアテと酔in《よいん》・立ち呑み なないちいち・鶏と魚とお酒 直《なお》)が中心となり結成。「おさけ日和」を中心に近江の地酒の更なる普及の促進と活性化を目標として活動している。

酒屋さん情報

蔵元とお酒の情報を把握する酒販店と仲良くなろう

あなたはお酒を買う時、どこで買っているだろうか？　多くの蔵の酒を扱う酒販店とできるだけ仲良くなることをおすすめしたい。その理由を挙げてみると……。

日本酒の世界は果てしなく広くて深い。本来は化粧品のように対面販売すべき商品だと思うくらいだが、経験豊富な酒屋さんのガイドがあれば、初心者でも段階を追って次第にディープな楽しみ方ができるようになる。今回ピックアップした店以外にも県内には魅力的なお店がたくさんある。いろいろな酒屋さんをめぐって、なじみの店を作ってほしい。

1 自分の好みの酒を選んでもらえる

お酒の種類が多すぎて迷ってしまったら「こういうタイプが好き」「前に○○という銘柄を飲んだらおいしかった」などと伝えて相談してみよう。好みのタイプを把握してもらえば、おすすめされる銘柄にほぼ外れがなくなる。

2 お酒情報が豊富

どんな料理と合わせてどう飲むとおいしいかだけでなく、なぜおいしいかなど、その酒の生まれた背景についても詳しい。

3 蔵元との関係が深い

常に酒を仕入れるため蔵元とのパイプは太く、情報を早く集められる。「今回の入荷を逃すと今年はもう買えない」など、入荷状況を教えてもらって希少な酒を入手できることもある。また、一般客の蔵見学を受け入れてない蔵でも「取引先の酒屋さんの引率なら」と、見学できる蔵も多い。

4 お酒の会などイベントを開催

酒販店主催のイベントは、テーマを決めたり蔵元を呼んだりと、体験型で知識を増やせることが多い。誘われたら参加してみよう。参加するうちに顔見知りも増える。

酒販店が主催する会（111頁最下段）で造った酒「楽々」や「しのび」を楽しむ。赤い忍者姿が「しのび」醸造元の竹島充修さん

長浜市

はしもとや

滋賀の日本酒をメインに販売しています。おいしい滋賀酒をきっかけに全国のお客様のとのご縁もできました。これからも滋賀の酒蔵と日本酒好きの皆様との橋渡し役としてがんばります

●店主：佐野誠一さん　●定休日：火曜
長浜市神照町847　TEL.0749-62-3170　FAX.0749-62-8192

彦根市

さざなみ酒店

おいしいお酒をもっとおいしく、もっと楽しくをコンセプトに、さまざまなお酒を紹介しています。立ち飲みコーナー『酒々波々屋《さざなみ》』もあり、各種お酒が楽しめます。味わいのある滋賀の日本酒はお燗向きの酒が多く、ぜひ食事とともに楽しんでいただきたいです

●店主：安齋和真《あんさいかずま》さん　●定休日：日曜　試飲OK
●イベント：定期的に酒の会、毎年ビールツアーなど
彦根市佐和町11-9　TEL.0749-22-1201　FAX.0749-26-3373

酒舗《しゅほ》まえたに

琵琶湖に流れ込む多様な伏流水と多種の酒米に恵まれた滋賀の日本酒には、大きな魅力があります。生原酒と燗酒にこだわる当店では、酒造りに情熱を持った蔵元のお酒を、お客様それぞれの好みに合わせて提案しています

●店主：前谷賢治さん　●定休日：日曜（祝日は営業）
●イベント：滋賀地酒祭り in 彦根（10月）
彦根市船町5-10　TEL.0749-22-0575

東近江市

こいずみ

近江で生まれたお酒を真ん中に、いろんな人が集まり、幸せを感じられるお店にしたいと思っています。伝統調味料やジュース、ワイン、焼酎、ウイスキーなど、おいしいものいっぱい取り揃えてお待ちしています

●店主：小泉英二さん　●定休日：火曜
●イベント：旬のお酒を味わう会（不定期）
東近江市青葉町3-6　TEL.0748-23-2666　FAX.0748-24-0023

東近江市

志賀熊《しがくま》商店

蔵元で大切に造られたお酒を預かり、手から手へ、心から心へお届けしています。県内作家の酒器や食品なども取り揃え、滋賀の地酒を中心とした心豊かな食卓のご提案をめざします

●店主：志賀史明《ふみあき》さん　●定休日：４日、14日、24日

●イベント：季節を楽しむ日本酒の会などを年数回（季節ごと）

東近江市札の辻１丁目5-7　TEL.0748-23-3028 FAX.0748-23-7480

近江八幡市

酒のさかえや

「滋賀だから」ではなく「おいしい」から売るんですヨ

●店主：宮川　晃《あきら》さん　●定休日：水曜　試飲OK

●イベント：地酒を味わう会、蔵元を囲む会、酒蔵見学会、幻のSAKAEYA BAR。飲食店・生産者・輸入業者とのコラボイベントなど

近江八幡市為心町上５　TEL.0748-33-3311 FAX.0748-32-2404

守山市

酒酎《しゅちゅう》屋たきもと

最近は洗練されて上品なお酒も増えてきましたが、どんなに垢抜けないといわれようとも、地酒感のある滋賀酒を大事に造りつづけていただきたいと思います

●店主：滝本啓史《けいし》さん　●定休日：火曜　試飲OK

●イベント：飲食店での料理とお酒のマッチングを楽しむ会（年４回）

守山市今宿２丁目11-18　TEL.077-581-0322 FAX.077-581-0373

草津市

十四代　金澤

県内酒の一升瓶はほとんど在庫しています。蔵元をまきこんでの企画で消費者にも喜んでもらっています。県内初の『渡船《わたりぶね》』の会を企画、リバークルーズ（「初桜」「薄桜」両蔵元参加）を実施するなど、がんばっています

●店主：金澤圭真《かどま》さん　●定休日：日曜　試飲OK

●イベント：蔵元を囲む会など（ほぼ毎月）

草津市追分８丁目16-14　TEL.077-562-0038、0007 FAX.077-562-0090

草津市

旨い酒専門　タカツ酒店

滋賀の地酒は、「幅が広い！　奥が深い！　おもしろい!!」当店は、蔵元が大切に醸したお酒を冷蔵管理はもちろん、遮光袋で紫外線を完全にカット。お客様にお届けするまできっちり品質管理しています。おもしろいお酒あります!!

●店主：高津　明さん　　●定休日：水曜
草津市野村１丁目18-2　TEL.077-563-0650 FAX.077-563-0666

大津市

加藤酒店

明治43年創業以来、滋賀の酒を皆様にお届けしてきました。これからも滋賀の日本酒やワインを通じて、新しい出会いを大切に、感動の声と笑顔を楽しみにがんばります

●店主：加藤　真さん　　●定休日：日曜
●イベント：日本酒を楽しむ会、店内試飲会、日本酒や日本ワインセミナーなど（不定期）
大津市木下町13-1　TEL.077-522-4546 FAX.077-523-0793

小川酒店

まだまだ未熟もんの小さな酒屋ですが、滋賀らしい個性の見える…作り手の顔が浮かぶ…飲み飽きない…体に染み入るような…時間とともにおいしくなるような…お酒を置きたいと思っています

●店主：布施明美さん　　●定休日：日曜、祝日
●イベント：「浜大津こだわり朝市」で試飲販売
（毎月第三日曜日午前８時～正午。京阪浜大津駅下車すぐ）

大津市浜大津二丁目１-31　TEL.077-524-2203 FAX.077-524-2212

消費者が米・酒づくりに関われる会

澤酒店

●店主：澤　澄夫さん　　●定休日：水曜
●イベント：1999年から「彦米酒《げんまいしゅ》の会」を開催。田植えから稲刈り、岡村本家での蔵見学など会員が関わって日本酒「楽々」を造る。バーベキューや新酒を祝う会などもあり家族で楽しめる。

彦根市本庄町2138
TEL.0749-43-2102 FAX.0749-43-7201

近江の地酒リカーショップやまなか

●店主：山中正一さん　　●定休日：不定　試飲OK
●イベント：「特定非営利活動法人甲賀のんべえ倶楽部」の事務局。会員は、酒苗代づくりや田植え、稲刈り、酒仕込み、試飲会に参加でき、その酒米で笑四季酒造と美富久酒造が仕込んだ酒２本（各720mℓ）が頒布される。
甲賀市水口町新町1-3-4
TEL.0748-62-0038 FAX.0748-62-8953

Column

滋賀県酒造組合

県内33蔵が力を合わせ 地酒振興に邁進

〈滋賀県酒造組合会長・藤居本家蔵元〉藤居 鐵也

滋賀県酒造組合33蔵の銘酒が勢揃いしたギャラリー展示（2013年、コラボしが21で）

近江の地酒もてなし普及促進協議会であいさつする藤居鐵也会長

近江は地形に特徴があります。古代湖である琵琶湖が中心にあり、湖が気候と風土を大きく左右しています。酒造業にとって水は大切なものですから、生で飲めるおいしい水に恵まれているからこその産業です。

滋賀県では33の酒蔵※がネックレスのようにぐるりと琵琶湖を囲んでいます。灘や伏見と違う点は、近隣の人に飲んでもらう酒を造っていたことで、かつては産業としてではなく暮らしの中で消費されるものでした。

日本酒の85％は水です。水系が違うと水質も変わり、微妙に味も違ってきます。キラリと光る個性豊かな酒が多い滋賀県は「おいしいお酒の玉手箱」といえます。

また、米どころ滋賀には酒米もいろいろあります。明治時代には「渡船《わたりぶね》」の栽培が始まりました。晩稲《おくて》で丈《たけ》が160cmくらいあるこの米は「山田錦」の父にあたります。つまり「渡船」がなければ「山田錦」も生まれなかったという重要な米です。ほかに「吟《ぎん》吹雪《ふぶき》」「玉栄《たまさかえ》」が酒造好適米となっていて、それぞれ個性的な酒に仕上がります。

これら近江の風土をぎゅっと凝縮させ、各蔵が思いを込めて造っているのが滋賀の日本酒です。

滋賀県酒造組合では、技術の研鑽《けんさん》を重ねながら、「みんなで選ぶ滋賀の地酒会」や「滋賀地酒の祭典」「滋賀地酒1万人乾杯プロジェクト」といったイベントを開催するなどして力を合わせ、時代が変化していく中で多くの皆さんに喜んでもらえる酒造りを続けていきたいと思っています。

※滋賀県酒造組合加盟蔵

第９回「地酒の祭典」のチラシ

■ふじい・てつや　1947年、愛知郡愛荘町生まれ。甲南大学理学部卒業後、家業に従事。彦根酒蔵組合理事長、滋賀県酒造組合連合会副会長などを経て現職。

滋賀県酒造組合
滋賀県大津市打出浜2-1 コラボしが21 1F
TEL 077-522-3070
FAX 077-522-3185

酒造技術研究会が中心となって開催される「春の新酒きき酒会」（主催：滋賀県酒造組合）。まず鑑定官や酒造組合顧問がきき酒する

杜氏や蔵人も参加している蔵が多い

Column

県内の蔵元組織

近江銘酒蔵元の会と酒造技術研究会について

宮武　嚴夫
〈滋賀県酒造組合事務局長〉

近江銘酒蔵元の会

「近江銘酒《めいしゅ》蔵元の会」は市場開拓や需要開発を目的に、滋賀県酒造組合とはまったく別の自主的な組織として1995年に発足しました。2017年現在、20蔵が参加しています。会長は増本酒造場の増本庄治さんで、「天《てん》狗舞《ぐまい》」で知られる石川県の車多《しゃた》酒造へバスでの視察を実施しました。

酒造技術研究会

「酒造技術研究会」は滋賀県酒造組合の下部組織です。酒造技術の向上を目的として、2001年に設立され、2017年現在、27の蔵と団体が参加しています。醸造メーカーだけでなく、滋賀県の工業技術総合センターや農業技術振興センターも構成員です。初代会長は喜多酒造の喜多良道さんで、2代目の現会長は松瀬酒造の松瀬忠幸さんです。

「滋賀地酒の祭典」など滋賀県酒造組合主催行事のほとんどを研究会のメンバーが主体となって運営しています。他に主な行事としては、年に5回程度、きょうかい酵母や濾《ろ》過《か》技術について学ぶ「研修会」や、例年3月に開催される「新酒きき酒会」などがあります。

新酒きき酒会は一般には非公開ですが、春の最も大きな行事です。大阪国税局の鑑定官室長や主任鑑定官を招き、その年の新酒を審査してもらいます。順位をつけて発表するものではなく、新酒の評価を醸造元に蔵に伝え、各蔵はそれをもとに品質向上に努力します。

県内では蔵元同士の技術交流も盛んで、お互いを高め合ってきました。酒造技術研究会で学べば、さらに技術が向上するでしょう。これからは、出来た酒を良質なまま出荷するための濾過技術などについても勉強していく必要があると考えています。

■みやたけ・いづお　2004年から現職。それまでは大手メーカーの営業として、西は山口県から北は青森県まで1000軒もの酒造蔵を巡ってきた。

Column

「新しい豊かさ」をつくり、感じる〈近江の地酒〉

三日月 大造
〈滋賀県知事〉

滋賀酒を応援する条例が成立

平成28年3月、「近江の地酒でもてなし、その普及を促進する条例」が施行されました。歴史と伝統ある近江の地酒を応援する条例の成立です。これは画期的なことだと思います。関係者や滋賀県議会議員の皆様のご努力に深く敬意を表し、心から感謝を申し上げます。条例の制定を受けて早速、平成28年4月に滋賀県庁の観光交流局に「地酒担当」を置き、地酒の普及に向けた施策を展開する体制を整えました。

条文にもありますように、米を育む豊かな自然環境、酒造りに欠かせない良質な地下水や伏流水《ふくりゅうすい》、発酵《はっこう》の食文化、酒に合う郷土料理や酒器《しゅき》、神殿やお祭りに供える地酒、酒を酌み交わし語り合う人々の交流など、〈近江の地酒〉は滋賀の風土をもっとも自然に、かつ的確に表現しています。

ふなずしなど郷土料理との相性抜群

織田信長、浅井《あざい》長政、豊臣秀吉、石田三成、明智光秀など、近江ゆかりの戦国武将たちは、生死のはざまで〈近江の地酒〉を飲みながら戦略を練ったのでしょうか。想像するとゾクゾクします。

私たち滋賀県民のソウルフードのふなずしとも相性抜群。滋賀県の農畜水産物をPRする「おいしがうれしが」キャンペーンとも連動しています。県外の皆様をおもてなしする時、滋賀の魅力をお伝えする際、私は、いつも県内各地に息づく〈近江の地酒〉のことをお話しします。

私自身、公務を終えて帰宅してから、また県内各地を廻り、県民の皆様と酌み交わし語り合う時、(ほぼ毎日!)〈近江の地酒〉をいただきます。天から降る雨、山や土や石に沁《し》み入る水に感謝しながら。「山田錦」だけでなく滋賀生まれの「吟吹雪《ぎんふぶき》」や「滋賀渡船《わたりぶね》6号」など、研究者や生産者が丹精込めてつくり上げてくださる酒米のことを考えながら。そして、より旨くおいしくと励まれる杜氏の皆様、世界へ! また、よりおもしろく! と工夫を凝らし、努力を重ねられる蔵元の皆様にも思いをはせながらいただきます。

滋賀地酒1万人で乾杯プロジェクト
（2015年10月1日）

幻の酒米で滋賀らしい地酒

酒米といえば、収量が少ない上に栽培しにくく、昭和30年代に栽培が途絶えてからは文献に記されるだけの〝幻の酒米〟と言われていた「滋賀渡船」。その復活を喜んでいます。平成15年、地域の特産品となる素材を探していた県の普及指導員が、県農業技術振興センターに「滋賀渡船6号」が保存されていること思い出し、関係機関とともに復活に向けたプロジェクトを始動。滋賀で生まれた酒米で酒造りをしたいという酒造会社、一緒にやろうという生産農家の賛同・協力を得て、一握りの種子から産地づくりに成功しました。今では、滋賀らしい地酒にこだわる県内の蔵元さんが積極的に使用し、おいしい〈近江の地酒〉をつくってくださっています。

「滋賀渡船6号」の田んぼ（蒲生郡日野町）

力を合わせ、新しいファンづくりを

滋賀県では、蔵元の皆さんの熱意ある取り組みを応援しようと、条例制定後、製造や流通など地酒に関わるさまざまな皆さんに参画いただき、「近江の地酒もてなし普及促進協議会」を立ち上げました。そこで検討した内容をもとに、県民の皆さんに地酒を身近なものと感じていただけるよう、さまざまなイベントの開催や各種媒体による広報啓発活動などを進めています。

また、平成29年10月に東京・日本橋に開設した情報発信拠点「ここ滋賀」では、県内各地の地酒を取り揃えて販売するとともに、「SHIGA's BAR」で実際に地酒を飲んでいただけるようにしています。近江の地酒の魅力を通じて滋賀の豊かさを全国に、世界に発信していきたいと考えています。

〈近江の地酒〉を愛するみんなで知恵を出し、力を合わせ、新しいファンづくりのために、自由な発想も取り入れて、文化や伝統としての普及・振興に向けて取り組んでまいります。

がんばりましょう！ 共に……。

東京日本橋「ここ滋賀」の「SHIGA's BAR」

■みかづき・たいぞう　１９７１年生まれ、滋賀県出身。一橋大学経済学部卒業後、ＪＲ西日本を経て松下政経塾へ。２００３年に衆議院議員に初当選し、国土交通大臣政務官、同副大臣等を歴任。２０１４年７月に滋賀県知事に就任。

Column

ファンが作った滋賀酒イベント

酒と語りと醸しと私

吉井　啓子
〈「酒と語りと醸しと私」実行委員〉

滋賀の日本酒をもっと知ろう
酒と語りと醸しと私

第1回　2010年9月20日、旧大津公会堂、約170名参加。サブタイトル「滋賀の日本酒をもっと知ろう！」。実行委員長の永野麻也子さんがあいさつ

滋賀酒好きが立ち上がった

滋賀の地酒と蔵元を応援すべく始めたイベント、それが「酒と語りと醸《かも》しと私」だ（以下、「酒と語り」）。滋賀県内の7酒造組合が合併して一つになり、地酒ファンに向けたイベントが増え始めたころ、イベント会場で、行きつけの居酒屋で、町の酒販店で、呑んべのおばちゃんたちが、お酒のご縁で出会い、盛り上がった。

従来のイベントで、押し寄せるお客にお酒をつぐのに忙殺される蔵元の姿を見てきたため、「ゆっくり飲み手と語ってもらおう！」をコンセプトに、一般の滋賀酒愛好者がボランティアスタッフとして運営し、蔵元には語りに専念してもらうスタイルを作り上げた。

2010年9月に開催した記念すべき第1回は、締めのあいさつで滋賀の酒蔵の重鎮「喜楽長《きらくちょう》」の喜多良道《きたよしみち》社長を感激のあまり男泣きさせ、盛況のもとに閉幕。「薄桜《うすさくら》」の蔵元・増本庄治さんがこのイベントで出会った女性スタッフと翌年めでたく結婚されるというおまけまでついた。

第2回　2011年9月11日、旧大津公会堂、約150名参加。サブタイトル「蔵元と語って笑って、もっと日本酒が楽しくなる」

「来年も私が実行委員長！」と宣言しながら病に倒れた故・永野麻也子さんの思いをつないで開催した第2回のテーマは「もっと蔵元を目立たせよう！」。会場の人混みの中でも蔵元の居場所がすぐ分かるよう、12人の参加蔵元にそれぞれ酒の銘柄名を書いた風船をくくりつけ、会場に〝放流〟した。あちらこちらに色とりどりの風船がプカプカ浮いているさまは微笑ましくもあった。

多様な立場の人が協力

第3回は、「日本酒が美味しい季節＝《イコール》蔵元が多忙な季節」という問題を解決すべく、蔵元ではなく、その奥様・

お嬢様方を動員し、ブーススタッフも全員女性に。自蔵の酒を猛勉強して来られた奥様や、コスプレ姿のお嬢様が大奮闘してくださった。「蔵元さんは手伝いに来ないで」と伝えていたにもかかわらず、客として来場し、こっそり見守る蔵元（父や夫）のお姿に、家族愛を感じる場面も。

第4回は「旨い酒には旨いアテ（肴《さかな》）」をと、居酒屋さんに協力を依頼。スタッフ自ら一推しの蔵と居酒屋をタイアップさせ、ベストマッチなアテを作ってお客様に猛アピール。来場者数も滞在時間も過去最大となり、会場のキャパシティが不足する事態になった。

毎年リセットし、一から作り上げる「酒と語り」イベントは、「今年は何をしでかすのか？」と期待半分、心配半分の蔵元と、ご参加のお客様のご支援のおかげで、大赤字に泣くこともなく、さりとて大儲けすることもなく、無事に回を重ねることができた。

過去4回で少しずつ蓄えた利益を還元するべく開いた第5回は、大感謝祭と銘打ち、観光船ビアンカで琵琶湖に繰り出しての大盤振舞い。着実に増えつづける滋賀の地酒ファンからの「ほんで、この酒どこで買えるねん？」の声に対応すべく、県内で応援したい酒販店にもお越しいただき、船上で互いに「酒への愛」を存分に語り、波に揺れつつ酒に酔いつつ、杯を重ね合った。

第３回　2012年11月３日、旧大津公会堂、約170名参加。サブタイトル「地産地消をわたしらしく―近江の女がもてなし、男が支える　滋賀の滋酒をあじわう会」

仲間がデザインした第３回グラス

第４回　2013年12月１日、旧大津公会堂、約180名参加。サブタイトル「提案！料理で酒はもっと旨くなる！」

第５回　2015年２月11日、ビアンカ、約80名参加。サブタイトル「酒と語りと醸しと私５年目、感謝の宴 in びわ湖！」琵琶湖八珍の料理ビュッフェと、「マイスペック」ワークショップで参加者同士の交流を深めた

これからどこへ

琵琶湖畔で生まれた「滋賀酒ファンによる滋賀酒イベント」は、琵琶湖の中心で「滋賀酒愛」を叫ぶことで一区切り。さて、私たちはこれからどこに向かうのか？　答えは一つ……おいしい酒とおいしい肴のあるところ！

■よしい・けいこ　京都生まれ京都育ち、2000年から滋賀県民。滋賀県の魅力的な日本酒と造り手、売り手に出会って惹きこまれ、主に情報発信で蔵元を応援。「酒と語り」では毎回企画提案してきた。

執筆協力：樽優子、北井香　　写真提供：布施健次（小川商店）

Column

滋賀県の酒蔵の歴史

中川 信子
〈多賀株式会社監査役〉

全国屈指の古い歴史

近江国《おうみのくに》は、伊吹、鈴鹿、比良《ひら》、比叡《ひえい》などの山々から流れ出る河川のおかげで、早くから米どころであり、豊富な地下水に恵まれていました。また都に近く、荘園が点在し、地主階級の年貢米による酒造りが早くから行われていました。戦国時代に盛んだった僧坊酒《そうぼうしゅ》としては、百済寺《ひゃくさいじ》酒があります。

近江の酒蔵は老舗が多く、何代にもわたり家業を継承しています。全国で4番目に古い歴史を持つ山路《やまじ》酒造は1532年（天文《てんぶん》元年）創業、5番目の冨田酒造も天文年間の創業です。江戸時代には、地主酒屋が増え、どこの農村に行っても1、2軒の酒屋が酒造りをしていたことが、滋賀県酒造組合連合会が1973年（昭和48年）に発行した「変遷をたづねて」という冊子で知ることができます。幕末期の記録がある栗太《くりた》郡（草津市・栗東市、大津市・守山市の一部）は33場、甲賀《こうか》郡（甲賀市・湖南市）も33場と多くの酒屋の名前があがっています。滋賀県全体では、1925年（大正14年）には209場あり、現存している多くの蔵元の名前があります。

近江は道の国でもあり、東海道、中《なか》山道《せんどう》、北国《ほっこく》街道、御代参《ごだいさん》街道などがあり、多くの人々が行き交う中、街道沿いや宿場での酒造りが盛んになりました。また、北関東地方の酒造家の系譜をたどると滋賀県出身の近江商人が多く、その広がりに興味がわきます。

昔から酒造りが行われていた滋賀県では、早くから酒造組合連合会主催の清酒品評会が行われ、技術の向上に積極的に取り組んできました。1912年（大正元年）には、1904年（明治37年）に創設された大蔵省醸造試験所の技師による技術講習も行われていました。冬季に仕込む寒造りが行われ、滋賀県では、能登《のと》杜氏《とじ》が主流で、越前杜氏、但馬《たじま》杜氏も来ていました。杜氏

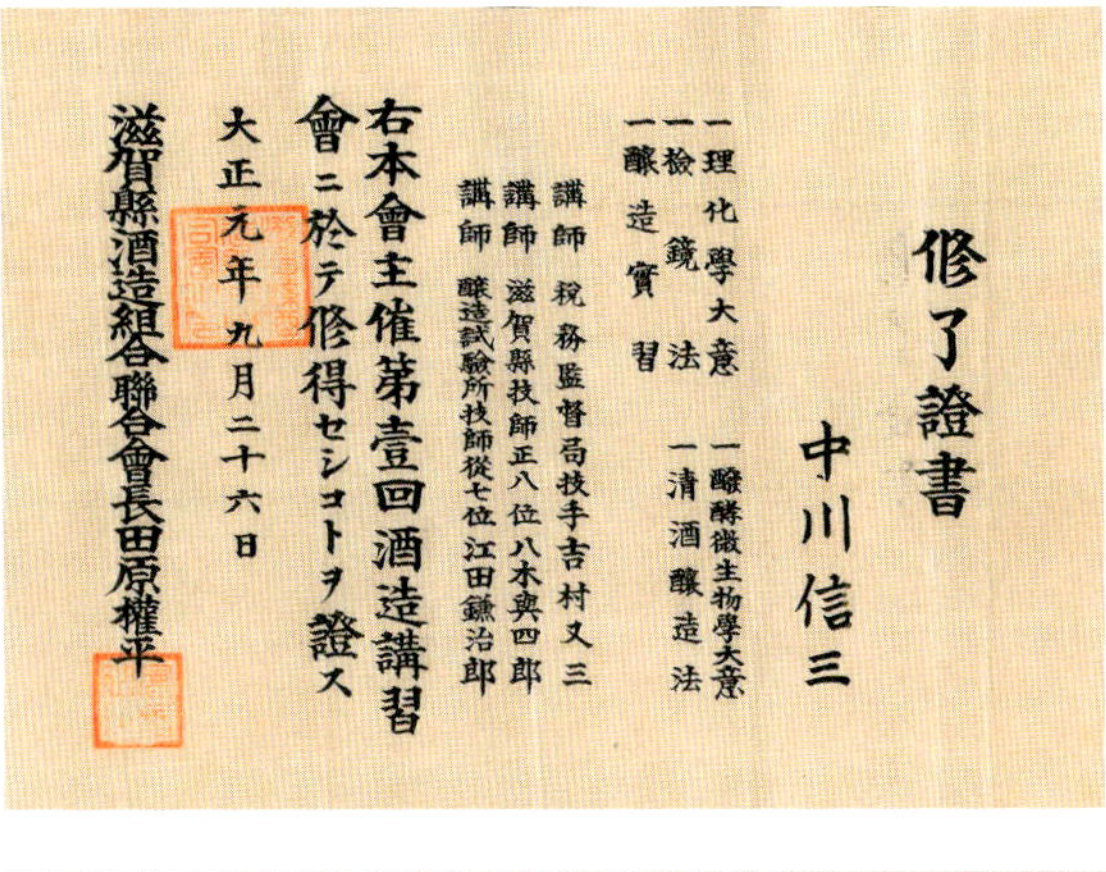
修了證書
中川信三
一理化學大意 一醱酵微生物學大意
一檢鏡法 一清酒釀造法
一釀造實習
講師 稅務監督局技手吉村又三
講師 滋賀縣技師正八位八木與四郎
講師 釀造試驗所技師從七位江田鎌治郎
右本會主催第壹回酒造講習會ニ於テ修得セシコトヲ證ス
大正元年九月二十六日
滋賀縣酒造組合聯合會長田原權平

大正元年の修了書。速醸酛の開発者として知られる江田鎌治郎の名前がみえる

は、夏の間、農業や漁業を営み、冬は蔵人を連れて酒造りの実際を任されました。

112場から33場に激減

昭和に入り、日中戦争から始まる戦時酒造統制の開始と強化、アジア太平洋戦争下の企業整備など、蔵元にとって厳しい時代を迎えました。多くの蔵元が苦労し、1958年（昭和33年）1月1日の記録で、滋賀県酒造組合連合会に加盟する蔵は112場となっています。

1970年（昭和45年）年の原料米割り当てによる生産統制が解除され、1974年（昭和49年）をピークに日本酒の需要が減りはじめる中、合併や廃業する蔵元も増え、滋賀県の蔵元も1969年（昭和44年）に100場、1986年（昭和61年）65場、2006年50場、2013年には33場にまで減りました。全国では、1958年（昭和33年）の4201場をピークに減りつづけ、2013年は1495場になっています。

若手が技を磨き、魅力ある地酒を

いろいろな時代を越えて、近江の酒蔵がそれぞれの蔵の魅力をお酒に託して発信しています。おいしいお酒を造りつづけることが、自然と文化に恵まれた歴史ある滋賀県の酒蔵としての大きな役割だと確信します。

行政区が変わり、地名が変わっていく中で、長い間、そこで変わらずに醸《かも》しつづける酒蔵があることは、地域を守り、記憶をつなぐ財産としても貴重なことでしょう。

近年は、若手の蔵元が自ら酒造りを担うことも多くなり、技術向上に励み、魅力ある近江の地酒を醸し出しています。おいしい近江の地酒を飲みかわしながら、滋賀県の魅力を満喫していただくことができれば幸いです。

滋賀県酒造組合連合会の冊子「変遷をたづねて」

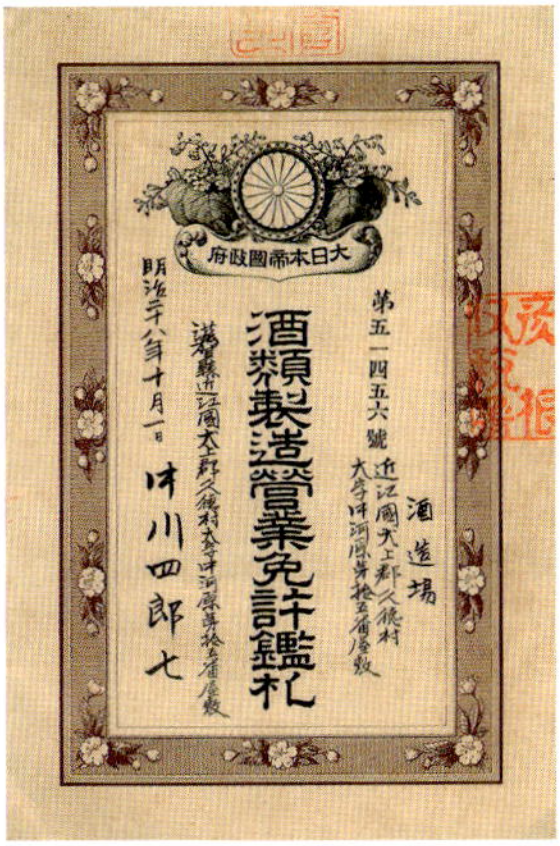

明治時代の酒類製造営業免許鑑札

■なかがわ・のぶこ　1981年同志社大学商学部卒。北海道北見市から1962年、祖父母の待つ滋賀県犬上郡多賀町に戻り、時代とともに変化する酒造業を身近に見つめてきた。大学のゼミ論「清酒製造業界における中小企業の歴史的発展とその沿革　大老酒造株式会社（滋賀県）の場合」をもとに社史編纂に取り組む。

＊参考：「湖国と文化」85号（滋賀県文化振興事業団、1998年10月）、「変遷をたづねて」（滋賀県酒造組合連合会、1973年）、「日本醸造協会誌」110号（日本醸造協会・日本醸造学会、2015年９月）、鈴木芳行『日本酒の近現代史』（吉川弘文館、2015年）、青木隆浩『近代酒造業の地域的展開』（吉川弘文館、2003年）、小倉榮一郎『近江商人の経営』（サンブライト出版、1988年）

Column

「和醸良酒」滋賀酒礼賛

宮本 輝紀
〈ワインバイヤー・ソムリエ〉

近年、滋賀のお酒がより脚光を浴びてきています。その滋賀のお酒の魅力を考えてみると、大きく次の要因があります。

- 地域の歴史・文化との密接な関係
- 造り手と飲み手の密な相互交流
- 造り手同士の横のつながり

地域の歴史・文化との密接な関係

滋賀県は琵琶湖を中心として湖北・湖西・湖南・湖東とざっと大きく分けられますが、もっと小さなコミューンごとの歴史や文化が今でも息づいています。

近畿の水がめ・琵琶湖があるため、カバタ（川端）*などで見られるように自然を生活に取り入れ、しかも環境に負荷をかけないようにする心がけが潜在意識として県民全体にあります。その意識が自然・地域を愛し、良い水質など環境を保持できる理由となっています。

造り手と飲み手の密な相互交流

滋賀県の多くの酒蔵は自分の造る酒・仕事をより理解してもらうため、飲み手との交流を歓迎し、蔵見学や田植え・稲刈り体験や酒蔵コンサート・展示会などを積極的に行っています。

また、飲み手も蔵元を招いての酒の会などを企画しています。中でも特筆するべきは、「小川酒店とゆかいな仲間たち」が行う「浜大津こだわり朝市」でのお酒紹介です。メンバーが直接酒蔵に出向き、その時期のお薦め酒を仕入れ、人が集まる朝市の場でそのお酒を試飲販売するもので、時には蔵元も参加し、活発に意見交換を行って造り手と飲み手の相互交流を深めています。

造り手同士の横のつながり

滋賀の蔵元にも世代交代があり、現在多くなっているのが30～50代の造り手です。彼らは地元に密着しながらも世情の情勢を鑑《かんが》み、お互いに仲良く情報・技術交換を積極的に行っています。「良きライバル関係」ともいえます。

瀬古酒造（→54頁）蔵元の上野敏幸さん（左）と

私は日本ワインのバイヤーとして全国のワイナリーを巡っていますが、山梨県の若手ワイン醸造家集団（アッサンブラージュの会）にも同じような意識・行動があり、各地でこのような活動が盛んになっていけば、醸造家全体のレベルアップにつながると考えてい

浪乃音酒造（→86頁）蔵元の中井孝さんと筆者（左）

ます。

以上のような要因が複雑にからまり滋賀のお酒がおいしくなっていますが、大切なのは造り手も飲み手もお互いを認め合い友好関係を継続することです。

まさに「和醸良酒《わじょうりょうしゅ》」――造り手と飲み手、造り手同士の「和」が良酒を醸《かも》し、その和を大切にしてこそ、良酒が醸される関係こそが、今後も滋賀のお酒が魅力を放ちつづける要因だと思います。

右から、小川酒店（→111頁）の布施明美さん、北井香さん、家鴨あひる（本書編著者）

平井商店（→84頁）杜氏の平井弘子さん（右）と浜大津こだわり朝市で

■みやもと・てるき　琵琶湖ワイナリー、ヒトミワイナリーを経て現職。その関係から滋賀の蔵元との交流が深く、発酵という観点から滋賀の発酵食品の魅力を広めるよう奮闘中。

＊カバタ（川端）：水路やその水を生活用水に利用するシステム。飲み水としてだけでなく野菜や穀物などの食材を洗ったり、果物を冷やしたりする生活用水として利用される。カバタの多くが水路でつながっているため端池にはコイを飼い、野菜などの食材や食器を洗った時に端池に流れ込む野菜屑や飯粒を食べさせることで水を汚さないようにするなど、先人から受け継いだ知恵や工夫が息づいている。

Column

滋賀酒

愛し愛され四半世紀

加賀美 幸子
〈「近江の美酒を楽しむ会」主催者〉

滋賀酒が好きすぎて、東京から滋賀に通って四半世紀。数え切れないほど新幹線に乗った理由は、東京に来ない稀少なお酒を飲みたいから、というのもあるけれど、人に惚れたから、というのが最大の理由。

「生まれ変わったら蔵の娘になって法《はっ》被《ぴ》を着たい」と言った私に「生まれ変わらんでもよろしいがな」と笑った「琵琶の長寿」先代池本久彌《ひさや》社長。以来、東京での営業で私は法被を着て蔵人として立つことに。

「生まれ変わったら有名人になってお酒造りしたい」と言った私に「今やればいい」と迎えてくれた「浪乃音《なみのおと》」中井三兄弟。

「生まれ変わったら蔵付き酵母になりたい」と言った私に「酒母室《しゅぼむろ》見せるから勘弁して」と笑った「不老泉」前杜氏山根のおやっさんと上原 績《いさお》 社長。

「大阪マラソンで宣伝するから酒造組合の法被を貸して」なんて無茶なお願いも、「旭日《きょくじつ》」藤居鐵也《てつや》社長と「喜楽《きらく》長《ちょう》」喜多良道《きたよしみち》社長は快諾してくれた。

ほかにもあれやこれや……。

長年滋賀酒を応援してきたからとはいえ、願いを叶えてくれる蔵元たちの優しさが心と肝臓に沁みるのだ。

蔵元同士の交流もまた熱い。「そんなことまで話しちゃうの？」というような情報交換は日常茶飯事、イベント用の全蔵ブレンド乾杯酒造りなんて他ではやらないこともぱぱっとやる結束力があって、造りの道具が足りないといえば貸したり譲ったり。おおらかで優しくて温かい人達が滋賀の日本酒を生み育てている。

そんな彼らと彼らのお酒に会いたくて、四半世紀通いつづけた私は、今日もまた、滋賀の銘酒にほろ酔いながら新幹線の乗客となる。

池本酒造先代（右）と現蔵元とともに（2001年）

浪乃音酒造にて仕込み作業（2007年）

滋賀県酒造組合の法被で大阪マラソン参加。蔵元の直筆サイン入り（2016年）

■かがみ・ゆきこ　うお座・A型・東京生まれ。20代前半で日本酒に出会って以来、年間1石（一升瓶100本）以上飲みつづけている酒豪。酒蔵訪問回数は数え切れないほどで、蔵人として働くことも。独自の目線で選んだ滋賀県の日本酒を紹介する「近江の美酒を楽しむ会」を主催。滋賀酒を燃料に250㎞のウルトラレースを完踏する市民ランナーでもある。

Column

滋賀酒コレクション
3大学の学生がプロデュース

大学・地域・蔵元が協力し、日本酒を造るプロジェクトが全国で立ち上がっている。商品コンセプトやラベルデザイン、営業を行うとともに酒造見学・作業など、学生が酒造りに深く関わることが多いようだ。滋賀県内の大学の学生が関わった三つのお酒を紹介しよう。

「湖風」ブランド立ち上げ時に喜多酒造で仕込みに参加した学生たち

「湖風」滋賀県立大学×喜多酒造

２０１０年に始まった産学共同企画「滋賀県立大学日本酒プロジェクト」では、飯米《はんまい》「日本晴」で吟醸酒を造るという、業界の常識にとらわれない酒が誕生した。工夫と挑戦を重ね、毎年進化している純米大吟醸酒「湖風《こふう》」である。

このプロジェクトの酒蔵体験や試飲を通じて、初めて日本酒が好きになったという学生も多い。

「純米吟醸　長濱」長浜バイオ大学×冨田酒造・山岡酒造

長浜市の観光地の物産店「黒壁AMISU《アミス》」の企画商品「純米吟醸長濱」を応援する「長浜人《ながはまびと》の地の酒プロジェクト」には、２０１４年の開始当初から長浜バイオ大学の学生が関わっている。長浜市内で地酒イベントも開催するなど、リーダーを務めたのは日本酒好きの女子学生。このことをきっかけに、県内外の酒のイベントや研修会に参加するほど積極的になった。

「北船路」龍谷大学×平井商店

２０１０年度から７年間活動した龍谷《りゅうこく》大学の「北船路《きたふなじ》米づくり研究会」は、大津市北船路で学生らが作った米や里芋を飲食店に出荷し、地元農家の野菜を商店街で販売してきた。

棚田で開催したイベントに訪れた平井商店蔵元夫人の平井洋子さんがふともらした「ここの酒米でお酒を造ったらおいしそう」の一言をきっかけに、研究会が蔵元と農業法人を仲立ち。酒米「山田錦」の生産が始まり、純米吟醸酒「北船路」が誕生した。

Column

命宿る酒蔵
日本酒の原点を求めて

大岩 剛一
〈建築家・成安造形大学附属近江学研究所客員研究員〉

原料にこだわり、伝統に学ぶ酒造り

高島市安曇川《あどがわ》河口の太田の集落に、自然を生かした昔ながらの伝統的な酒造りにこだわる酒蔵がある。1862年（文久2年）創業の上原酒造（6代目蔵元、上原績《いさお》代表取締役）だ。（→94頁）

先代の上原忠雄さん（5代目蔵元、現会長）はいい酒を造るための条件として、杜氏《とじ》の技術と経験、水と米と気候条件、そしていい酒を造りたいという蔵元の気持ちの五つを挙げる。

米は酒造りの基本。米作りに必要な条件は、夏場から初秋にかけての昼夜の温度差が大きいことだという。だから原料米を生産してくれる県内の契約農家はどれも山間部にある。しかも田んぼに張る水を、わざわざ谷川から引っ張ってくるほどのこだわり農家だ。そして、送られてきた高品質の酒米は100%自家精米されるのである。

麻布を敷いた桶《おけ》で洗米し、木製の甑《こしき》で米を蒸す。床に敷いた竹簀《たけす》の上で蒸米《じょうまい》を冷まし、種麹《たねこうじ》をまぶして麹を作る。蔵に棲《す》む酵母を温度操作だけで呼び込み、酛《もと》を作る。木桶《きおけ》で醪《もろみ》を仕込み、麻袋に詰めて木槽天秤《きぶねてんびん》で搾《しぼ》る。どれも手作業だ。

木の道具にこだわるのは、木のもつ優れた保温性と調湿性が、酒の品質を左右する蒸米作りや醪の仕込みに欠かせないからである。道具の腐食や虫食い、カビ対策には柿渋を塗る。木槽天秤搾りにかかる手間暇は機械搾りの3倍以上、搾れる酒は85%程度という効率の悪さだが、その分酒の味は格段によくなるという。昔ながらの酒造りの製法の豊かな知恵と優れた技術に着目した忠雄さんは、日本酒の原風景ともいうべき世界を再現して見せる。

酒蔵に息づく命

山深い朽木《くつき》を源流とする安曇川河口北岸に広がるデルタ地帯には、細い水路が網の目のように広がり、地中を流

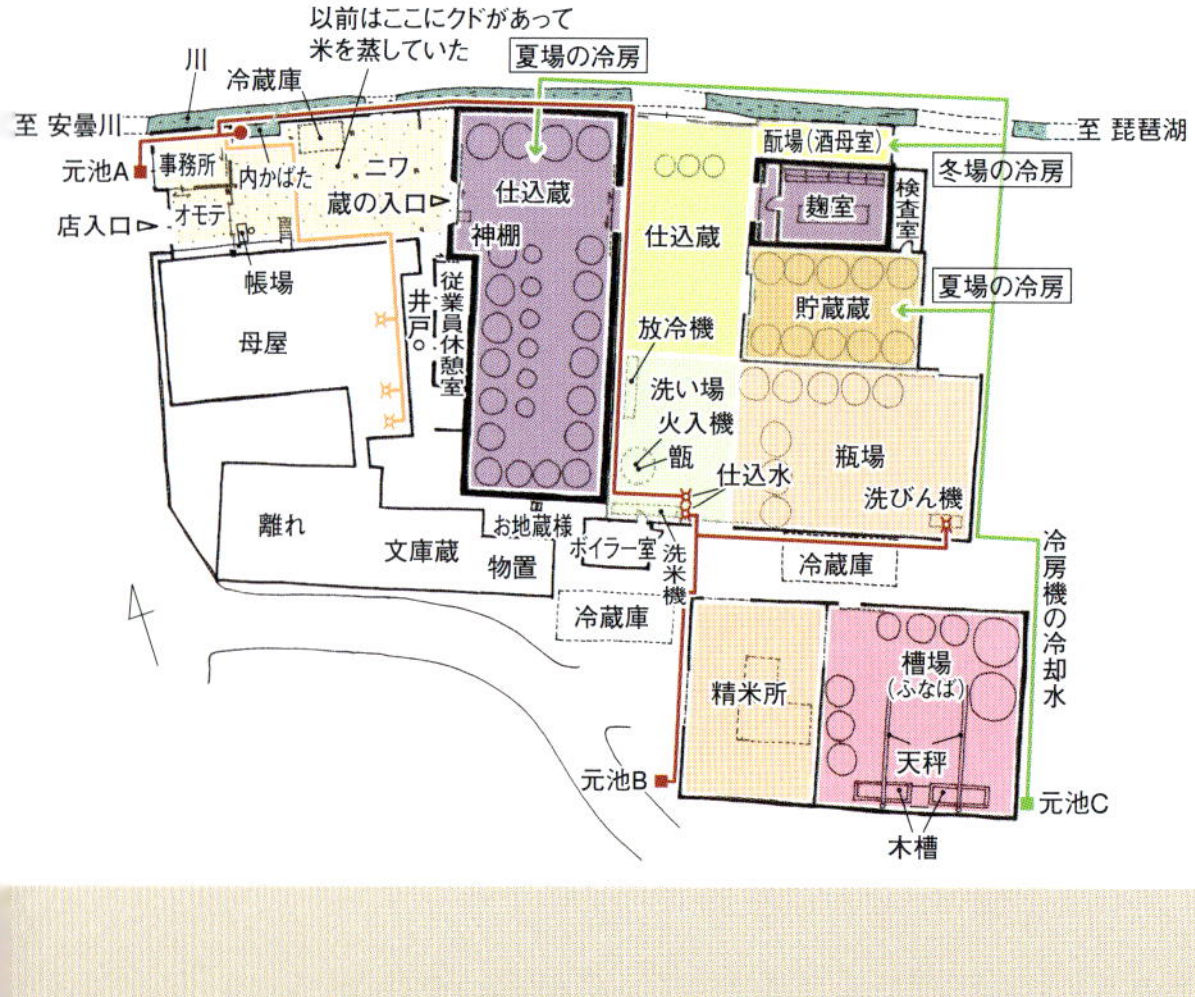

上原酒造の平面配置図
（作図：大原歩／ 2009年実測）
紫色の「仕込蔵」と「麹室」が創業以来残る二つの蔵。敷地内には湧水の出る「元池」が3ヶ所ある。元池Aから出た湧水は室内の「かばた」に引き込んで一部を母屋の生活用水に、残りは分岐させてポンプで「洗い場」に引いて仕込水に使い、元池Bの湧水は「洗い場」と「瓶場」に引いて洗米機と瓶洗浄に使っている。元池Cの湧水は、温暖化の影響でやむを得ず冬場と夏場の冷房用に引くことになった

150年の時を刻む
仕込蔵の壁と天井
（撮影：永江弘之）

仕込蔵の入口
（撮影：永江弘之）

仕込蔵（右）と麹室（左）。上原酒造には
二つの古い蔵がある（撮影：大岩剛一）

れる伏流水《ふくりゅうすい》がいたるところに湧き出ている。上原酒造では、「生水《しょうず》」と呼ばれるこの湧水を酒蔵まで引き、仕込水に利用しているのだ。仕込水は酵母の発酵を促す重要な水だ。水温は冬で12～13℃、夏でも14～15℃。軟水なのでまろやかな酒の味が出るという。上原酒造の酒は、こんこんと湧き出る永遠の命の泉から生まれた、循環する命の酒なのである。

　酒は冬に仕込む。酒蔵の温度は外の温度で決まるから、雪の多い日本海型の高島市の気候は酒造りに向いている。しかも上原酒造の山廃《やまはい》仕込は、蒸米に麹と水を加えたタンクの中に、蔵にもともと棲んでいる生きた酵母を低温状態でゆっくり時間をかけて呼び込み、育成して酒の酛を造る。この酒蔵には、酵母という微生物が息づく豊かな生態系が生きているのである。

　酵母菌には良い菌もいれば悪い菌もいる。悪い菌が増えないように管理するのは至難の業《わざ》だという。工場で培養した酵母を添加して造るのが常識になった今、このような酒造りをしている酒蔵は全国でも数社だけだそうだ。大量生産では予測できる味しか作れないが、天然酵母を呼び込むやり方だと、どんな味の酒になるかできてみないとわからない。そこが難しいところで、同時に面白いところだと上原績社長。

　効率を優先する社会では、いわゆる「心の眼」が隅々まで行き届かない。当然質の高いものは作りにくくなるし、周囲の自然の変化にも鈍感になりがちだ。だが、ここには酵母と人が共生する濃密な関係が生きている。長年培われてきた、蔵人《くらびと》の研ぎ澄まされた直観力と観察力がある。彼らには、酵母が命あるものとしていつも見えているのだ。上原酒造の酒蔵には、人と人、人と自然が時を超え、有機的につながりながら、そこにしかない固有の価値を生み出す力がある。

■おおいわ・ごういち　建築家。一級建築士事務所大岩剛一住環境研究所代表。スローデザイン研究会、ナマケモノ倶楽部世話人。「カフェスロー」（東京）、「N邸」「Café ネンリン」（滋賀）、「善了寺」（神奈川）をはじめ、稲藁やヨシなどの循環型素材を使った建築や店舗の設計を手がける。著書に『わらの家』『草のちから藁の家』（共著）ほか。成安造形大学附属近江学研究所の客員研究員として文化誌「近江学」に連載中。

＊「M・O・H通信」第48号（新江州㈱循環型社会システム研究所、2015年）所収「伝統と自然の恵みを酒に醸して」（大岩剛一）を一部改稿
＊参考：「近江学」第2号（成安造形大学附属近江学研究所、2010年）所収対談「酒蔵　命の酒のふるさと」（上原忠雄・大岩剛一ほか）

楽しい蔵見学、その前に

蔵は食品生産の場で見学のための場ではない

蔵見学。なんと胸躍る響きだろう。醪《もろみ》や麹《こうじ》の甘い香り、ぷくぷくと泡が弾ける音、運がよければ搾《しぼ》りたてのお酒の試飲など、五感をフルに使い、酒造りのプロに酒の生まれる現場を案内してもらえる貴重な機会だ。

しかし、酒蔵は見学のための施設ではない。酒造りの合間に見学させていただくものであることを肝に銘じよう。そこで、蔵見学の際の注意点を挙げておく。

1 必ず予約を

いつでも見学が可能とは限らない。期間限定のところ、最初から受け付けていないところもあるので、必ず事前に電話で確認、予約しよう。

2 迷惑にならない人数で

蔵によっては人数も制限しているところがある。何人くらいまで大丈夫か、事前に確認しておこう。

3 行き帰りは公共交通機関で

試飲するなら、最寄駅から歩いて行けない蔵にはバスやタクシー、あるいは仲間内でハンドルキーパーを一人確保してマイカーで行くなど、事前に準備を。

4 納豆・ヨーグルト・柑橘《かんきつ》系果物は禁止

前日や当日に納豆やヨーグルトなどを食べることは厳禁。強力な菌を蔵の中に持ち込むことになる。柑橘系の果物の香りも移りやすいので禁止のところがある。

5 香りのきつい化粧品・香水をつけない

醪の香りよりも化粧品の香りのほうが勝ち、香り移りする可能性があるので、香水や香りの強い化粧品は使わない。

6 スポーティな服装で

蔵の中の機械に引っかからないよう、またハシゴを登っても大丈夫な服装で。

7 酒を買って帰る

忙しい中、見学に対応してくれるのは蔵の酒のファンを増やすため。試飲だけで帰らず、蔵で買える場合は必ず買って帰ろう。

蔵見学が初めての人なら、蔵開きイベントがおすすめ。予約不要、送迎の車があるなど、参加しやすくなっている。また、蔵見学がイベントとして開催されることも。

蔵へ行った後には、蔵元さんの顔が思い浮かび、お酒がとても近く感じられる。味わいさえ変わってくることもあるから不思議だ。見学を歓迎してくださる蔵には仲間を誘って行ってみよう。

上原酒造にて醪の香りをかぐ筆者

ラベルを読む

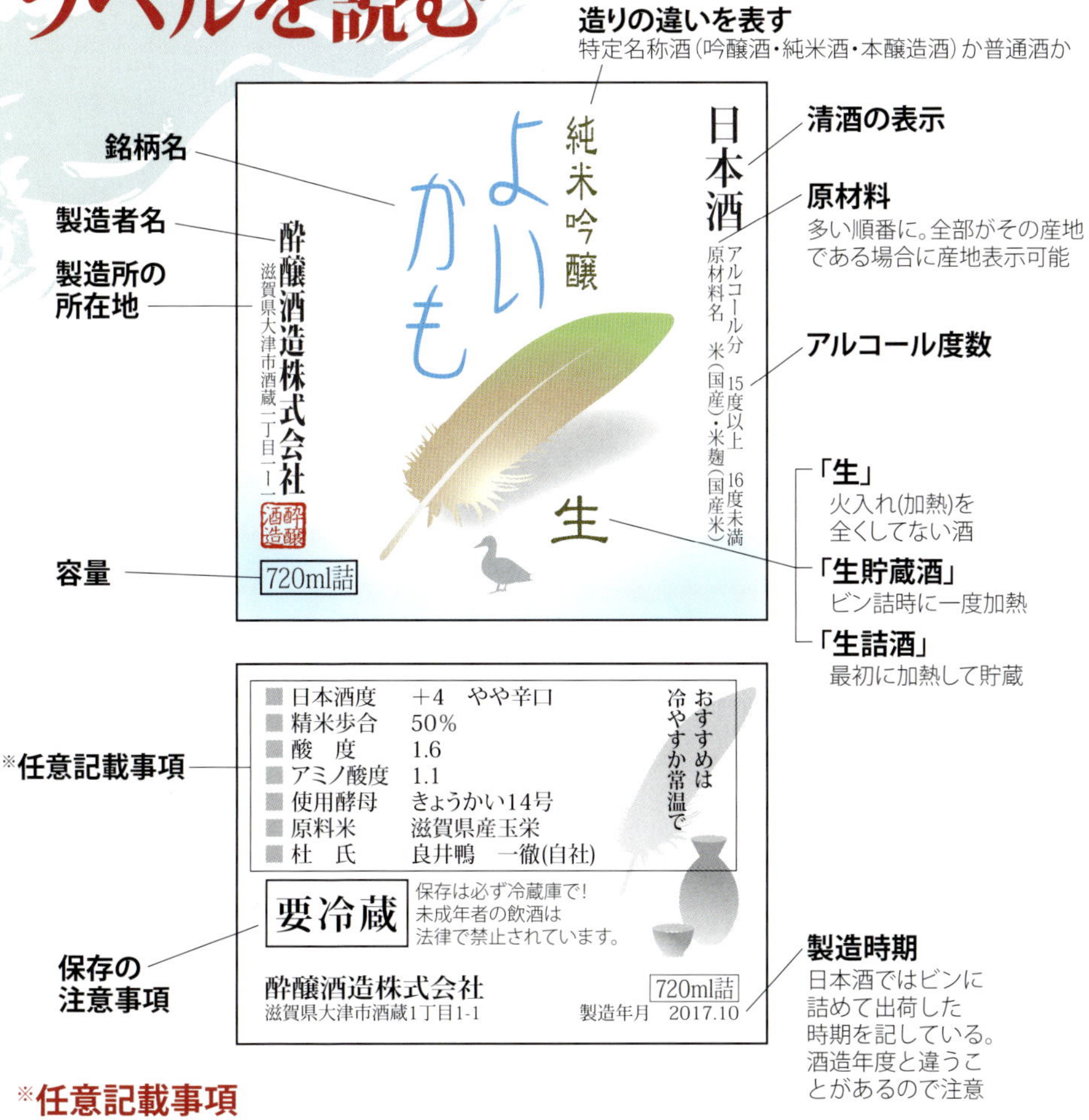

※任意記載事項

日本酒度	水と比べての比重を数字で表す。一般的にマイナスは甘口、プラスは辛口とされる。
精米歩合	50%の場合、半分を削ってしまう。70%の場合、3割を削る。
酸　度	酸によって、甘辛の印象が変わってくるので、日本酒度だけでは味は分からない。
アミノ酸度	日本酒には体によいアミノ酸がたっぷり入っている。多いと比重も重くなる。
使用酵母	「きょうかい○号」というのは、財団法人日本醸造協会が天然の酵母を分離し、純粋培養した酵母で、アンプルに入っている。
原料米	酒米には、「山田錦」「玉栄」「吟吹雪」「滋賀渡船６号」など酒造好適米のほか、「日本晴」「コシヒカリ」など飯米を使用することもある。
杜　氏	酒づくり職人集団のリーダー。滋賀には、能登や南部などから来ている。また、蔵元自ら杜氏を務める蔵も多く、社員が杜氏を任されている場合もある。

ラベルデザイン／萩本孝子

執筆・編集：家鴨《いえがも》あひる（酔醸会《よいかも》）

撮　　影：辻村耕司、家鴨あひる

寄稿(掲載順)：三日月大造、吉井啓子、中川信子、宮本輝紀、
加賀美幸子、大岩剛一

協　　力：滋賀県酒造組合、近江銘酒蔵元の会、
県内酒蔵のみなさん、県内酒屋のみなさん、
滋賀日本酒維新会、酒と語りと醸しと私実行委員会、
恩地美和、中川信子（多賀）、泉谷洋平（あなぐま亭）、
西村翔輝、布施健次（小川酒店）

近江《おうみ》 旅の本
滋賀酒《しがざけ》　近江の酒蔵めぐり

2018年1月20日　初　版　第1刷発行
2019年1月20日　初　版　第2刷発行

編　集　滋賀の日本酒を愛する酔醸会

撮　影　辻村耕司

発行者　岩根順子

発行所　サンライズ出版
〒522-0004 滋賀県彦根市鳥居本町655-1
TEL 0749-22-0627　FAX 0749-23-7720

印刷・製本　シナノパブリッシングプレス

ISBN978-4-88325-620-4 Printed in Japan